関係データ学習

Learning from Relational Data

石黒勝彦
林 浩平

講談社

■ 編者

杉山　将 博士（工学）

理化学研究所 革新知能統合研究センター　センター長

東京大学大学院新領域創成科学研究科 教授

■ シリーズの刊行にあたって

　インターネットや多種多様なセンサーから，大量のデータを容易に入手できる「ビッグデータ」の時代がやって来ました．現在，ビッグデータから新たな価値を創造するための取り組みが世界的に行われており，日本でも産学官が連携した研究開発体制が構築されつつあります．

　ビッグデータの解析には，データの背後に潜む規則や知識を見つけ出す「機械学習」とよばれる知的データ処理技術が重要な働きをします．機械学習の技術は，近年のコンピュータの飛躍的な性能向上と相まって，目覚ましい速さで発展しています．そして，最先端の機械学習技術は，音声，画像，自然言語，ロボットなどの工学分野で大きな成功を収めるとともに，生物学，脳科学，医学，天文学などの基礎科学分野でも不可欠になりつつあります．

　しかし，機械学習の最先端のアルゴリズムは，統計学，確率論，最適化理論，アルゴリズム論などの高度な数学を駆使して設計されているため，初学者が習得するのは極めて困難です．また，機械学習技術の応用分野は非常に多様なため，これらを俯瞰的な視点から学ぶことも難しいのが現状です．

　本シリーズでは，これからデータサイエンス分野で研究を行おうとしている大学生・大学院生，および，機械学習技術を基礎科学や産業に応用しようとしている大学院生・研究者・技術者を主な対象として，ビッグデータ時代を牽引している若手・中堅の現役研究者が，発展著しい機械学習技術の数学的な基礎理論，実用的なアルゴリズム，さらには，それらの活用法を，入門的な内容から最先端の研究成果までわかりやすく解説します．

　本シリーズが，読者の皆さんのデータサイエンスに対するより一層の興味を掻き立てるとともに，ビッグデータ時代を渡り歩いていくための技術獲得の一助となることを願います．

2014 年 11 月

「機械学習プロフェッショナルシリーズ」編者
杉山 将

まえがき

　Facebookにおける人のつながり，多国間の経済関係，脳の神経回路，レストランの口コミ——これらは一見バラバラなものに見えますが，実は「何か」と「何か」の「関係性」で表現されるという共通点をもっています（人と人，国と国，ニューロンとニューロン，レストランとユーザ）．このように「関係性」を軸として表現される関係データは冒頭の例のように分野を問わず世の中に遍在し，データ解析分野においても重要な位置を占めています．

　関係データとは，最も単純な場合，N個のオブジェクトがあったときに，その中の任意のペアに対してどのような「関係」が存在するかを表すデータです．このような関係データは，オブジェクト数Nに対して定義可能な観測サンプル数がNの2乗となります．したがって，Nが大きくなると昔の計算機ではすぐにメモリからあふれるために計算機上で計算・学習することは困難でした．また一方で，そのようなサイズのネットワークデータも簡単には手に入りませんでした．

　しかしこの状況は，計算機リソースの急激な進歩およびインターネットの普及によって大きく変化しました．数百万あるいはさらにそれ以上のオブジェクトをもつデータも容易に入手可能となり，また計算機のメモリもギガバイト単位で利用できるようになったため，関係データの解析技術は近年の統計的機械学習技術およびデータマイニングの研究コミュニティにおいて常に一定の研究者の注目を集めている話題となっています．

　一方，Netflixによる映像コンテンツ評価予測タスクに代表されるような巨大な行列形式データの解析コンテストが企業あるいは学会の主催でたびたび開催されています．このようなコンテストは古くは潜在的意味解析法やトピックモデルなどで個別に提案されてきた行列分解法の発展を急速に推し進めました．行列分解法は，非負値行列分解法による汎化性能の向上と定性的解釈性の向上，テンソル分解による高次データへの応用など様々な派生技術を生みだしながら，今なおデータマイニングにおける中心的な研究課題の1つになっています．

　一見大きく異なるように見えるこの「関係データの解析技術」と「行列分

解法」の2つの技術領域ですが，実は関係データは行列・テンソル表現と親和性が高いことに着目すると，行列データの低ランク性，あるいはブロック構造に着目したモデル化という点で類似性が高い技術分野になっています．そこで，本書は「関係データ学習」と銘打って，関係データを構成するオブジェクトのクラスタリング（第2章，第3章）と，関係行列・テンソルデータの低次元分解に基づく高精度な予測手法（第4章〜第6章）を扱います．特にテンソルデータの解析に関しては，比較的新しいトピックということもあり，日本語で書かれた書籍としては本書が初の試みとなっています．

　本書は，統計的機械学習に興味はあるが実際に深く触れたことがない学部や修士課程の学生，あるいは技術系の職に就く社会人を第1のターゲットとして執筆されています．このような読者層に対して，現在の関係データ解析研究の基礎・基盤となっている技術を説明するのが本書の目的です．加えて2016年現在における最先端の研究成果についてもある程度参考文献にまとめました．そのため最先端の機械学習の論文を arXiv[*1] などでチェックするような専門家にも満足していただける出来になったと自負しています．

　本書の執筆にあたり，たくさんの方々にお世話になりました．まず，東京大学の杉山将先生には今回の執筆の機会を与えていただくとともに構成や内容に関しても有益なご指摘をいただきました．NTTコミュニケーション科学基礎研究所の澤田宏先生と京都大学の鹿島久嗣先生には本書の草稿を査読していただきました．お2人からのコメントや修正案は，拙かった原稿を本書の今の形にまで磨き上げるうえで大きな助けとなりました．講談社サイエンティフィクの瀬戸晶子さんには常に原稿が遅れがちであった著者陣を強力にサポートいただきました．お陰様で予定通りの発行日に刊行となりました（このまえがきを執筆している時点ではそう信じています）．NTTコミュニケーション科学基礎研究所の大塚琢馬さん，北海道大学の石畠正和さんには本書の前半部分について厳しくも率直なご意見をいただきました．お2人のご意見のおかげで，草稿のクオリティを大幅に向上できました．静岡大学の前原貴憲先生には，特に本書の前半部分に関して内容の不正確な部分をご指摘いただきました．産業技術総合研究所の兼村厚範さんには本書の後半部分を精緻に見ていただき，多くの改善案をいただきました．皆様，大変有り難

[*1] http://arxiv.org

うございました．著者双方より心からの御礼を申し上げます．

　本書の前半（第 1 章～第 3 章）は石黒が，後半（第 4 章～第 6 章）は林がそれぞれ執筆を担当しています．査読の先生方や編集担当の方とともに，記法や言葉遣い，論理の流れや図例の取捨選択などは複数回にわたり修正しています．しかし，それでも残った言葉の誤用や数式の間違い，あるいはわかりにくい表現などがあった場合，それらの責任はもちろんすべて著者陣に帰します．

2016 年 10 月

石黒 勝彦・林 浩平

目 次

- シリーズの刊行にあたって iii
- まえがき v

第1章 導入：関係データ解析とは 1

- 1.1 統計的機械学習 1
  - 1.1.1 データからの学習 1
  - 1.1.2 教師有り学習と教師無し学習 2
- 1.2 関係データとは 3
- 1.3 関係データの表現 6
  - 1.3.1 関係データのグラフ表現 6
  - 1.3.2 関係データの行列（2次元配列）表現 8
  - 1.3.3 関係の値の表現 9
- 1.4 関係データの種類 11
  - 1.4.1 有向関係データと無向関係データ 11
  - 1.4.2 単一ドメインと複数ドメイン 12
  - 1.4.3 対称関係データと非対称関係データ 14
  - 1.4.4 2項関係と多項関係 14
- 1.5 関係データ解析 15
  - 1.5.1 予測 16
  - 1.5.2 知識抽出 17
  - 1.5.3 本書のアプローチ: 低次元構造をとらえる 19
- 1.6 本書の目的と構成 21

第2章 対称関係データのクラスタリング技術：スペクトラルクラスタリング 23

- 2.1 関係データのクラスタリングとは 23
- 2.2 対称関係データのオブジェクトクラスタリング法：スペクトラルクラスタリング 25
  - 2.2.1 コミュニティ検出と密結合グラフ 25
  - 2.2.2 グラフカット 26
  - 2.2.3 スペクトラルクラスタリング 27
- 2.3 非正規化グラフラプラシアンによるスペクトラルクラスタリング 29
  - 2.3.1 入力と出力 29
  - 2.3.2 次数行列とグラフラプラシアン 30
  - 2.3.3 固有値分解によるクラスタ抽出 32
  - 2.3.4 クラスタ割り当て Z の計算 34

Contents

- 2.3.5 まとめ：アルゴリズム 35
- 2.4 正規化グラフラプラシアンによるスペクトラルクラスタリング 36
  - 2.4.1 正規化カットとスペクトラルクラスタリングアルゴリズムとの関係 36
  - 2.4.2 対称正規化グラフラプラシアンに基づくスペクトラルクラスタリング ... 37
  - 2.4.3 酔歩正規化グラフラプラシアンに基づくスペクトラルクラスタリング ... 38
- 2.5 実データへの適用例 40
- 2.6 実運用上の留意点と参考文献 42
  - 2.6.1 どのアルゴリズムを選択するか 42
  - 2.6.2 K の設定方法 43
  - 2.6.3 参考文献について 43
  - 2.6.4 スペクトラルクラスタリングの限界と密結合クラスタリングの現状 44

第3章 非対称関係データのクラスタリング技術：確率的ブロックモデルと無限関係モデル 45

- 3.1 非対称関係データの確率的「ブロック構造」クラスタリング 45
  - 3.1.1 スペクトラルクラスタリングへの不満 45
  - 3.1.2 アプローチ：ブロック構造を仮定した確率モデル 46
  - 3.1.3 本章の対象：確率的ブロックモデルと無限関係モデル 48
- 3.2 確率的生成モデル 49
  - 3.2.1 確率的生成モデルとは 49
  - 3.2.2 確率モデルのベイズ推定 51
- 3.3 確率的ブロックモデル (stochastic blockmodel, SBM) 52
  - 3.3.1 SBM の概要 53
  - 3.3.2 SBM の定式化 54
  - 3.3.3 SBM の推論 57
- 3.4 無限関係モデル (infinite relational model, IRM) 66
  - 3.4.1 IRM の概要 66
  - 3.4.2 IRM の定式化 67
  - 3.4.3 IRM の推論 70
  - 3.4.4 出力方法 75
- 3.5 IRM のまとめ 78
- 3.6 実データへの適用例 81
- 3.7 実運用上の留意点と参考文献 83
  - 3.7.1 どのアルゴリズムを使うべきか 83
  - 3.7.2 IRM の限界と拡張 84
  - 3.7.3 参考文献について 85

第4章 行列分解 87

- 4.1 準備 87
- 4.2 単純行列分解 89
  - 4.2.1 目的関数 92
  - 4.2.2 最適化 93

	4.2.3 類似度としての解釈	94
4.3	さまざまな行列分解	95
	4.3.1 ℓ^2 正則化行列分解	95
	4.3.2 非負行列分解	96
4.4	アルゴリズム	99
	4.4.1 1次交互勾配降下法	99
	4.4.2 疑似2次交互勾配降下法	102
	4.4.3 制約つきの最適化	106
	4.4.4 確率勾配降下法	108
4.5	欠損値がある場合の行列分解	112
	4.5.1 欠損値を除外	113
	4.5.2 欠損値を補完	113
4.6	関連する話題	114
	4.6.1 確率モデルとしての解釈	115
	4.6.2 非線形モデルへの拡張	116
	4.6.3 R の決めかた	117
	4.6.4 実データ	117

第 5 章 高次関係データとテンソル ... 119

5.1	用語の定義	119
5.2	テンソルにおける線形演算	121
	5.2.1 加算, スカラ倍, 内積	122
	5.2.2 モード積	122
	5.2.3 スライス	125
	5.2.4 外積	127
5.3	行列演算への変換	127
	5.3.1 ベクトル化作用素とクロネッカー積	128
	5.3.2 モード積, 外積, 内積	128
	5.3.3 計算量の注意	129
	5.3.4 テンソル演算の式展開のコツ	130

第 6 章 テンソル分解 ... 133

6.1	テンソルの次元圧縮	133
6.2	CP 分解	136
	6.2.1 動機	136
	6.2.2 目的関数	137
	6.2.3 アルゴリズム	138
6.3	タッカー分解	142
	6.3.1 動機	142
	6.3.2 目的関数	144
	6.3.3 アルゴリズム	145
6.4	CP 分解とタッカー分解の違い	148

	6.4.1	類似度としての解釈 · · · · · · · · · 148
6.5	補足 · · · · · · · · · 152
	6.5.1	実応用例 · · · · · · · · · 152
	6.5.2	さまざまな最適化と学習アルゴリズム · · · · · · · · · 152
	6.5.3	2次の交互作用のみからなる分解 · · · · · · · · · 153
	6.5.4	複数のテンソルや行列が与えられた場合 · · · · · · · · · 154
	6.5.5	その他のテンソル分解 · · · · · · · · · 154

- 参考文献 · · · · · · · · · 155
- 索 引 · · · · · · · · · 165

Chapter 1

導入：関係データ解析とは

本章では，機械学習の文脈における関係データ解析の導入として，関係データとはどのようなものか，そして関係データの解析ではどのようなことが話題となるかについて説明します．

1.1 統計的機械学習

そもそもデータを使って「学習する」とはどういうことでしょうか．まずはこの点からはじめたいと思います．

1.1.1 データからの学習

統計的機械学習 (statistical machine learning) は，多くのデータが与えられたときに，それらデータのもつ統計的な特徴を活用して所望の処理を行う技術です．たとえば，「自社の購買データを解析して，売れ筋の商品群を見つけたい」というタスクを考えます．この場合，まずは昨日1日の売り上げ情報を参照します．この売り上げ情報を x とすると，この x の内容を精査することで，たとえば昨日最も売り上げた個数が多かった商品 z が見つかります．靴屋さんの場合なら，$z =$ "メーカー N 社製のスニーカー" などとなります．しかし，昨日の売り上げだけでは，その商品を売れ筋商品とするのは根拠に欠けます．そこで，仮に過去50日分にさかのぼって売り上げ

情報を収集して，その全体から売れ筋商品群を見つけることを考えます．このとき，売り上げ情報は 50 日分とたくさんあるので，日付を表す**インデックス (index)** $i \in \{1, 2, \ldots, 50\}$ を導入して区別しましょう．すると，目的のタスクは，$\boldsymbol{X} = \{x_i\}, i = 1, 2, \ldots, 50$ という**観測データ (observations, observed data)** が与えられたとき，その中から他の商品に比べて売り上げ高が高い商品群を発見する問題といいかえられます．この例のように，観測データ $\boldsymbol{X} = \{x_i\}$ というデータ集合を用いて何らかの問題を解決する，という枠組みが統計的機械学習では最も頻繁に用いられます．

今度は画像認識問題を考えてみましょう．近年の巨大 ICT 企業の人工知能研究のトレンドの 1 つとして，大量の画像データから，「画像に写っているものは何かを推定する」[*1] 技術が発展しています．これらの問題は，統計的機械学習の最先端の課題の 1 つですが，枠組みとしては 1 点を除いて上記の例とそれほど変わりません．その点とは，**ラベル (label)** 情報が必要な点です．学習機械は，たとえば「犬」や「ピザ」とは何かをまったく知らないため，これを教えるための情報が必要です．たとえば i 番目の画像が柴犬の画像だったとすると，画像データ x_i に加えて，その内容を表すラベル情報 $y_i = $ "柴犬" を同時に準備します．したがって，目的のタスクは，N 枚の画像および対応するラベル情報からなる観測データ $\{\boldsymbol{X}, \boldsymbol{y}\} = \{(x_i, y_i)\}, i = 1, 2, \ldots, N$ を用いて，未知の画像 x からラベル y を計算する関数（写像）を推定する問題といいかえることができます．

1.1.2 教師有り学習と教師無し学習

売れ筋商品発見の問題では，「売れ筋商品とは何か」という答え，あるいは正解例は与えられていません．ですので，問題を解く側が「売れ筋商品とは何か」という定義について何らかの仮定を与え（上記の例では「売り上げ高が高い商品」），観測データ $\boldsymbol{X}$ を解析します．一方，画像認識の問題では，各画像データ x_i に対して，「これは犬です」「これはピザです」といったラベル情報 y_i が付与されています．したがって，このラベル情報をできるだけ正確に再現できるように画像データ $\boldsymbol{X}$ を利用します．このラベル情報は，

[*1] たとえば http://googleresearch.blogspot.jp/2014/11/a-picture-is-worth-thousand-coherent.html, http://research.microsoft.com/en-us/news/features/dnnvision-071414.aspx

学習機械にとっての正解となるため，**教師情報**とも呼ばれます．そして，画像認識問題のように教師情報つきのデータセットを用いる問題を**教師有り学習** (supervised learning)，一方で商品群同定問題のように教師情報のないデータセットを用いる問題を**教師無し学習** (unsupervised learning) と呼びます．

教師有り学習に用いる教師データは，通常人間の手作業で維持・更新されます．たとえば，売れ筋の商品群の同定問題に教師情報をつけることを考えると，

- 取り扱う商品全体に対して専門的な知識をもつ人に意見をきく
- 個別の商品ドメインごとの専門家の意見を集約する
- 収集した意見を，目的のタスクを解決するために有効であると思われる形式の教師情報へと変換する

といった作業が必要になると想定されます．すなわち，教師データの作成には大きなコストがかかるのが一般的です．クラウドソーシング (crowdsourcing) によって大量かつ安価に教師データを作成することも可能ですが，一般にクラウドソーシングで得られる教師データは質が低いという問題がありますし，安価とはいってもやはり時間的，金銭的に負担が発生することは免れません．一方で，正解がわかっているため，その正解を再現するためのタスクにおいては教師無し学習よりも教師有り学習のほうがよい性能を示すものとされています[6]．教師無しデータは，利用可能なデータ群を機械的に手元に収集すればデータセットが作成可能です．目的のタスクについてのヒント（教師情報）がないため，ユーザ側が設計・選択する部分，つまり特徴量や統計的な振る舞いに関する仮定などが間違っている場合，目的のタスクでの性能が上がらない可能性があります．

本書で扱う関係データ解析の多くの課題では，教師無し学習を想定します．

1.2 関係データとは

機械学習技術の文脈における**関係データ** (relational data) とは，複数のデータの間に観測，定義される「関係」に着目したデータのことです．

最も典型的な関係データは，ソーシャルネットワークサービス (Social Net-

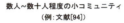

例1: Google+ ネットワークデータ
N ∼ 100,000

例2: LiveJournalネットワークデータ
N ∼ 4,000,000

数人～数十人程度の小コミュニティ
（例：文献[94]）

100人以上の組織
（例：文献[38]）

数千人～のSNS
（参照: Stanford Network Analysis Project）

図 1.1　人間関係のネットワークの例.

work Service, SNS) のユーザ間の関係情報でしょう．SNS の各ユーザはアカウントを開設することで SNS サービスの世界のオブジェクトとなります．そして，SNS はこれらオブジェクト間に「フォロー」，「友人」などといった「関係」を定義して，オブジェクト同士のつながりに基づいたサービスを提供します．SNS の本質的な情報は，「どのユーザとどのユーザがつながっているか」というユーザ間の関係にあり，この関係の情報が本書で興味の対象となる関係データになります．SNS はアクティブにサービスを利用してもらい，さらにつながりを広げていってもらうようにさまざまな工夫を凝らします（例：ユーザが興味をもつ，あるいは知り合いの可能性があるユーザを紹介するなど）．そのためには関係データの解析技術を用いて，より効率のよい施策を検証する必要があります．

このような「人間関係」は，社会的な営みがある以上どこにでも観測される情報であり，その解析技術は広範な応用範囲をもつことが期待されます．古い研究では 10 数人程度の小さなコミュニティ内の人間関係のデータが広く用いられていました．有名な karate club データ[94] はその代表例です．また，100 人以上のコミュニティのデータとしては Enron 社内の E メールデータセット[38] が有名です．ここ 2, 3 年では SNS サービスのサブセット（部分集合）を収集して数千人，数万人，あるいはさらに大きな桁数のユーザネットワークを解析することも可能になっています（図 1.1）[89, 92]．

人間関係のネットワークは，古くは感染症の拡大，流行のモデル化[36] などの目的でさかんに研究されてきました．これらの技術は現在でも広範な関係データ解析タスクで利用されています．たとえば，SNS 上の人間関係データ解析には，口コミマーケティング (viral marketing) の効率化というタスク

があります．その場合，ネットワーク内の誰に，どのような情報を，どのようなタイミングで入力すればネットワーク内で所望の情報拡散を実現できるかが興味の対象となります[35, 93]．

インターネットのホームページ間のハイパーリンクもホームページとホームページの間の「リンク」という関係に相当します．Internet live stats[*2]によれば現在の世界のホームページ総数は，本書の執筆時点ではほぼ10億ページとなっており，インターネットのハイパーリンクグラフは最も巨大な関係データの1つといえるでしょう．インターネットの各ページはそれ自体が多くの情報を含んでいるため，各ページの内容を観測データと考えると，ページ総数をNとする観測データとして解析が可能となります．しかし，関係データとしてとらえる場合には，多くの場合，各ページをつなぐハイパーリンク構造のみに興味があります．たとえば，多くのページからリンクを張られているページにはどのようなものがあるか，各ページのもつリンク数の分布はどうなっているか，あるいはハイパーリンクの分布からどのページがどの程度価値があるのか[63]，など，この巨大な関係データは多くの技術的課題の検証題材となり得ます．

ここまでの例ではSNSのユーザ同士，ホームページ同士というように同じ種類のオブジェクト同士の関係に着目してきましたが，異なる種類のオブジェクトの間にも関係は定義できます．最も簡単な例として，購買履歴データがあります．すでに説明した「売れ筋商品の発見」の例を考えます．各日のデータxには，どの商品がどれだけ売り上げを記録したかが保存されているという想定でした．ここで，購買行動の相手側，すなわち顧客の情報が得られると仮定します．つまり，「どの商品が，どの顧客に，どれだけ売れたか」が追跡できる状況です．この場合，「商品」という特定の種類のオブジェクトと，「顧客」という異なる種類のオブジェクトの間に「購入した」という関係を定義することができるでしょう．すなわち，購買履歴データは商品と顧客の間の関係データとして解析することも可能になるということです．ほかにも，特許や論文などの技術文書データは，そのキーワードや参照する文献，あるいは発明人・論文著者名などで検索することができます．この場合，「文書」，「キーワード」，「参照文書」，「著者」といった異なるオブジェク

[*2] http://www.internetlivestats.com

ト間の関係データとして表現できます．データベースを日常的に扱う読者にとって，「関係データ」という語は関係データベース (relational database) を想起させるかもしれません．結論からいうと，本書で取り扱う関係データはすべて関係データベースで表現することが可能です．関係データベースの場合には，より多種類のオブジェクトを多種類の「関係」で対応づけます．これは本書で取り扱う関係データをさらに拡張した類のデータセットとなります．関係データ解析技術は近年急速に発展していますが，オブジェクト間に非常に多種類の「関係」が定義可能な場合に対する技術は，まだ成長途上といえます[30, 48]．

最後に，これらの関係データ（ネットワーク）セットの入手先について述べます．最もよくまとまっているものとしてスタンフォード大学のレスコベック准教授のチームによる Stanford Network Analysis Project[*3] を紹介しておきます．レスコベック准教授は，まだ若年ながら関係データ（ネットワーク）の研究の世界的な権威といってよい研究者です．同ページからはデータセット以外にも興味深い情報を得ることができると思います．

1.3 関係データの表現

本書では関係データを統計的に取り扱うため，その数学的な表現方法が重要となります．統計的機械学習の分野では，大きく分けてグラフ表現と行列（2次元配列）表現の2つの表現方法を用います．本書では主に後者の表現を利用しますが，比較のために両者について説明します．

1.3.1 関係データのグラフ表現

SNSや人間関係などのネットワーク関係データの解析タスクが対象の場合，関係データはグラフ (graph) の言葉で表現されるケースが多いです．ただし，ここでの「グラフ」は，計算機科学の文脈におけるものです．

グラフ $G = \{V, E\}$ は頂点 (vertex) の集合 $V = \{v_1, v_2, \ldots, v_{|V|}\}$ と「2つの頂点の組」である辺 (edge) の集合 $E = \{e_1, e_2, \ldots, e_{|E|}\}$ で定義されます．頂点はノード，辺はエッジとも呼ばれます．各辺は関係する頂点の対で

[*3] http://snap.stanford.edu

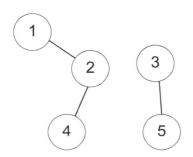

頂点（ノード，オブジェクト）　$V = \{1, 2, 3, 4, 5\}$

辺（エッジ）　　　　　　　　$E = \{(1, 2), (2, 4), (3, 5)\}$

図 1.2　一般に関係データはグラフで表現することが可能です．グラフは頂点と頂点間をつなぐ辺で構成されるため，オブジェクトを頂点，観測されたオブジェクト間の関係を辺とみなすことによってグラフ表現が可能であるからです．

特定できます．たとえば $e_1 = (v_1, v_2), e_2 = (v_1, v_4)$ といった具合です．

　注目する関係データにおいて，関係で接続される主体を**オブジェクト (object)** と呼ぶと，グラフの頂点をオブジェクトと見立て，オブジェクト間に観測される関係を辺と対応づけることによって関係データをグラフで表現することが可能になります．簡単なグラフの例を図 1.2 に示します．

　グラフは基本的にネットワークを人の目で理解するための図形ですので，たとえば関係データの解析結果をアプリケーション上で美しく描画（可視化）することを想定している場合などに有用だと考えられます．また，グラフデータの解析は，古くから計算機科学でさかんに研究されており，**グラフ理論 (graph theory)** に基づく各種グラフ処理技術の蓄積はしっかりとした教科書などにまとめられています．グラフ表現を用いることで，これらの資産を関係データ解析に用いることができるようになるのも利点です．興味のある方はまずは元北海道大学准教授の井上純一先生による講義ノート[24] を参照してください．教科書としてはウィルソンによる著書[88] があります．

1.3.2 関係データの行列（2次元配列）表現

伝統的なグラフ表現に対し，近年の統計的機械学習の文献においては，関係データを**行列 (matrix)** あるいは 2 次元配列で表現することもよくあります．行列で表現することでグラフによる表現に比べて情報量が増えるわけではありませんが，数値的，統計的な最適化計算時の表現と親和性が高いこと，実装時の取り扱いの明快さ，および表現の容易さから，本書でも関係データは主として行列（2 次元配列）として記述します．

なお，本書を通じて，ボールド体の大文字ラテン文字は行列あるいはベクトルの集合を（例：$\boldsymbol{X}, \boldsymbol{Y}$），ボールド体の小文字ラテン文字はベクトルを（例：$\boldsymbol{w}, \boldsymbol{x}_i$），通常フォントの大文字ラテン文字は定数を（例：$C, D$），通常フォントの小文字ラテン文字は単一の変数あるいはインデックスを（例：a, b）を表現するものとします．また，$\mathbb{R}$ は実数全体，$\mathbb{Z}$ は整数全体，$\mathbb{N}$ は自然数全体を，上つきの + は非負を表します．

行列として関係データを表現する場合，**隣接行列 (adjacency matrix)** による表現と**接続行列 (connectivity matrix)** の 2 種類の表現がありますが，機械学習の文献では前者を用いることが多いため，本書では隣接行列だけを用いて表現します．

まず図 1.3 をもとにして説明します．先ほどのグラフ表現した関係データ（グラフ）を行列 $\boldsymbol{X}$ として表現します．まず，オブジェクト（グラフ表現時のノード）を表すインデックスとして $i, j \in \{1, 2, \ldots, N\}$ を導入します．この図では $N = 5$ になっています．関係（グラフ表現時のエッジ）は 2 つの端点オブジェクトで指定できますので，オブジェクト i, j 間の関係を $x_{i,j}$ と表現します．i, j は 1 から N の間を動くので，i を行インデックス，j を列インデックスと考えると $x_{i,j}$ 全体を 1 つの行列 $\boldsymbol{X} = (x_{i,j}), i, j = 1, 2, \ldots, N$ としてコンパクトに表記することが可能であることがわかります．この行列は計算機プログラム上では 2 次元配列（たとえば C 言語などでは $x[i][j]$ とします）として表現することができます．$\boldsymbol{X}$ は行列なので，各 $x_{i,j}$ は何らかの数値をもつ必要があります．この点については次の 1.3.3 項で説明します．

関係データを行列表現することのメリットは，古くは多変量解析，近年でいえば深層学習に至るまで統計的機械学習でなじみの深いデータ表現であることです．したがって，統計的機械学習による関係データ解析を実施する際

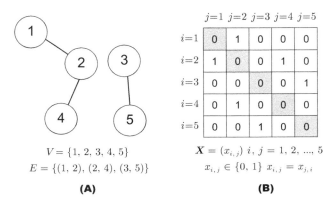

図 1.3 関係データの行列表現.(A) もととなる関係データのグラフ表現.辺には重みがなく,関係の有無だけが観測されていると仮定しています.(B) 対応する関係データの行列表現.関係がある辺は $x=1$,関係がない辺は $x=0$ としています.自己リンク $x_{i,i}$ については (A) のグラフ表現の図からは読み取れないので,ここではすべての i について $x_{i,i}=0$ としています.

に通常のデータに対する一般的な表現方法と方法論が利用可能となります.

また,行列表現することは線形代数による問題,モデル,アルゴリズムの理解と定式化を可能とします.このことで,計算機実装の際に高速な線形代数計算ライブラリを利用したり,線形代数,多変量解析の立場から新しいモデルを考案するといったことが可能になります.

1.3.3 関係の値の表現

2 つのオブジェクトの間の関係はどのような値をもちうるでしょうか.たとえば,すでに紹介した Enron 社内の E メールデータセット[38] のように,自社内のメール送受信データを集積して社員間の関係データとして収集,解析することを考えます.この社員同士の関係を対象として検討します.

まず,「リンクが存在するかどうか」のみを表現する方法があります.これはグラフ表現をするとわかりやすくなります.辺の集合 E 内にある辺(関係)e が存在する場合 $(e \in E)$ ならば当該の関係が「存在する」,$e \notin E$ ならば「存在しない」とする表現です.辺が存在する頂点対,つまり社員間は「関係がある」,辺が存在しない社員間は「関係がない」ということになりま

す．この場合，関係の有無に対応して2値の（離散）数値を与えることが考えられます．たとえば，「関係がある」頂点対には $x=1$ という値を，「関係がない」頂点対には $x=0$ という値を与えます（$x \in \{1,0\}$）．「関係がない頂点間の辺」が値をもつというのは奇異かもしれませんが，社員間の関係の「強さ」と考えると自然かもしれません（つまり関係の強さが0ならば関係はないのと同じと考えるのです）．

$x=1$ や $x=0$ といった数値の意味自体は任意に設定できるので，2値の数値も関係が「存在する」「存在しない」だけを表現するとは限りません．たとえば，収集したメール送受信データを計数した結果，ある社員間のメールのやりとりが T 回以上記録されていれば $x=1$，逆に T 回未満であれば $x=0$ という定義も可能です．この場合は，メールの送受信数を関係の強さと定義して，強さが「閾値以上」か「閾値未満」かという2つに分類しています．

メールの送受信数をそのまま関係の強さの表現値として利用するならば，値の範囲は非負整数（$x \in \mathbb{Z}^+$）にも拡張できます．さらに，たとえばオブジェクト間のメール数だけでなく，社員同士の席の距離や所属する部署などを用いた何らかの実数値関数 f で強さを定義することも可能です．離散数値では解析的な計算が難しくなりがちであるため，値は離散値でも計算的には連続値として扱うことも頻繁に行われます．

関数の値として数値を用いずに，各関係を離散的な記号（シンボル）で値づけることも可能です．たとえば社員 A, B の間の関係は「上司・部下」,「友人」,「母校が同じ」,などです．文字列のままでは計算機で扱いにくいため，これらシンボルは A, B, C などのアルファベット，あるいは $x \in \{1, 2, \ldots, S\}$ のようにインデックスを用いて表現します．

グラフによる関係データ表現の場合は，E 内の各辺要素の表現を，各エッジの頂点対に加えて値を加えた3つ組（$e = (v_1, v_2, x_{1,2})$）という形に拡張します．行列表現の場合は，$x_{i,j} = s$（シンボル値），$x_{i,j} = 0$（数値）などのように，観測される関係データ行列の (i, j) 成分 $x_{i,j}$ を用いて自然に表記されます．

表現についての注意点として，観測データと未観測データを区別する必要性をここで指摘しておきます．ここまで考えてきた関係データでは，N 個のオブジェクトそれぞれが，残りの $N-1$ 個のオブジェクトに対して関係

（辺）をもつ可能性があります．そのうち，関係の有無が「**観測できる (observed)**」辺と「**観測できない (missing)**」辺がそれぞれ存在しえます．「観測できない」辺は，存在するか存在しないか，あるいは値をもつかもたないかが「わからない」ので値が定義されません．特に数値による値の表現を利用する場合に，観測されていない辺に $x = 0$ という観測値を与えないように注意してください．

1.4 関係データの種類

ここでは関係データの「種類」について説明します．扱っている関係データの種類を正しく理解しておくことは，データの前処理や手法の選定を行ううえで重要です．

1.4.1 有向関係データと無向関係データ

ここまで，関係データ内の「関係」はオブジェクト（頂点）のペア (i, j) ごとに1つ定義されてきました．今までは意図的に「ペア」でとどめていましたが，たとえばペア (i, j) とペア (j, i) は同じものとして扱うべきでしょうか．それとも異なるペアとして扱うべきでしょうか．

この問いは，関係データを扱う際に押さえておかないといけないポイントである「関係の方向性」に関する問いです．関係データは，その関係の方向性によって，**有向 (directed)** な関係データと**無向 (undirected)** な関係データに分類されます．有向な関係データは，グラフ表現では**有向グラフ (directed graph)**，つまり2頂点を結ぶ辺が「矢印」になっているグラフです．行列表現形式の場合は $x_{i,j} \neq x_{j,i}$ となる i, j の組が存在することになります（図 1.4）．有向関係データでは，2オブジェクト間の関係について，どちらを起点として関係をとらえるかによって関係のもつ値が変わります．たとえば社内の人間関係データを考えます．ある社員 A とその上司 B の間の「関係」は有向な関係と考えられます．なぜなら，A さんから見れば B さんは「上司」という関係ですが，B さんからみれば「部下」という関係だからです．

一方，無向関係データは**無向グラフ (undireted graph)** に相当します．無向グラフでは2頂点を結ぶ辺は矢印ではなく，ただの線分になっています．

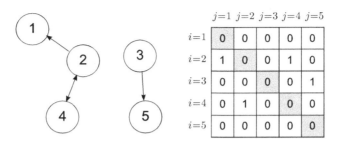

図 1.4 有向関係データの行列表現例.図 1.3 と同じ頂点と点の配置だが,関係が方向性をもっています.(A) もととなる関係データのグラフ表現.(B) 対応する関係データの行列表現.

つまり,つながっていることだけが肝要であり,その方向性は気にしません.行列表現形式の場合は関係データ行列が対称行列になります.すなわち,すべての i,j に対して $x_{i,j} = x_{j,i}$ です(図 1.3).無向関係データでは,関係に方向性がないので,つながった 2 オブジェクトの間の関係について,ただ単一の値をもつことになります.先ほどの A さんと B さんの例では,「上司・部下関係」という値を設定すれば,どちらを起点にみてもこの値は正しいので無向関係データとなります.有向関係データか無向関係データは,間違えるとデータの意味がまったく変わってきてしまいます.また,有向関係データには適用できないアルゴリズムもありますので,関係データを扱う際には必ず確認する必要があります.

1.4.2 単一ドメインと複数ドメイン

次に,関係データ内のオブジェクトのドメインについて説明します.1.3 節以降,関係データの説明の例としては SNS の友人関係データや社内の人間関係データのようにすべてのオブジェクトが同じ種類であることを暗に想定していました(前者の場合すべてのオブジェクトは SNS のユーザであり,後者の場合はすべて同じ会社の社員となります).このような関係データを**単一ドメイン (single domain)** の関係データと本書では呼びます.

一方,第1.2節の例にあるような購買履歴データの場合には,関係(辺)でつなかるオブジェクトは「商品」と「顧客」という,異なる種類のオブジェクトになります.このように,異なるオブジェクトからなる関係データを**複数ドメイン (multiple domains)** の関係データと呼びます(図1.5).これらのオブジェクトの種類を意識するか,あるいは意識しないかで関係データの表現や解析方法,モデル化手法に差が出てきます.

単一ドメイン関係データの場合,すべてのオブジェクトは同じ種類なので全部で N 個の頂点があれば,各オブジェクト(行および列)を表すインデックス i, j について $i, j \in \{1, 2, \ldots, N\}$ となります.この場合,行列表現を用いると行インデックス i と列インデックス j が同じインデックス集合の要素となるために,行と列で各インデックスの指すオブジェクトは同じものであり,また必ず正方行列(行と列のサイズが同じ行列)になります.

一方で複数ドメイン関係データの場合,異なるドメインに所属するオブジェクトは区別する必要があります.そこで,第1ドメインのオブジェクトのインデックスを $i \in \{1, 2, \ldots, N_1\}$,第2ドメインのオブジェクトのインデックスを $j \in \{1, 2, \ldots, N_2\}$ というようにインデックス集合を各ドメインごとに準備します.このようなインデックスを用いた場合,頂点ペア (i, j)

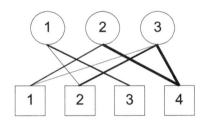

図1.5 複数ドメイン関係データの行列表現例.(A) もととなる関係データのグラフ表現.辺には正の実数値の重みが定義されていると仮定しています.辺の太さは重みに対応し,辺が記載されていない部分は重み0のリンクが存在すると考えます.(B) 対応する関係データの行列表現.複数ドメイン関係データかつ2部グラフで表現されるため一般に $\boldsymbol{X}$ は非対称行列となります.

と (j, i) は意味が異なってしまいます．したがって複数ドメイン関係データは通常有向関係データとみなす必要があります．特にデータが **2部グラフ** (**bipartite graph**) の場合，つまり各ドメイン内のオブジェクトは関係が定義されず，ドメイン間にのみ関係が定義される関係データの場合を考えます．この場合，関係データの行列表現は行インデックスとして第1ドメイン（要素数 N_1），列インデックスとして第2ドメイン（要素数 N_2）が割り当てられます．したがって，一般に正方行列になりません．

1.4.3 対称関係データと非対称関係データ

関係の方向性とドメイン数はそれぞれ重要な概念ですが，関係データ解析を実施するうえではこれらを組み合わせた，**対称関係データ** (**symmetric relational data**) と**非対称関係データ** (**asymmetric relational data**) の区別のほうが重要です．対称関係データとは，行列表現をしたときに関係データ行列が必ず対称行列になるものです．具体的には，単一ドメインかつ無向関係データが該当します．それ以外の場合，つまり複数ドメインあるいは有向関係データの場合，一般的には対称行列になる保証はない[*4]ため，非対称行列になります．

1.4.4 2項関係と多項関係

ここまで見てきた関係は，「2つのオブジェクト（頂点）」をつなぐものとして定義されてきました．しかし，この定義に制約される必要はありません．購買履歴データの例では，「商品」と「顧客」だけでなく，「販売チャネル（店舗など）」も同時に考慮に入れることが可能です．つまり「どの商品を」「誰が」「どの支店で」購入したのかという，より豊かな関係情報を考えます．この場合，購買実績という関係でつながっているのは3種類のオブジェクトになります．

通常のグラフでは，辺は2つの頂点を結ぶものとして定義されます．すなわち，グラフ表現では2つのオブジェクトの間の関係のみを表すことができます．このような関係を **2項関係** (**two-place relation, dyadic relation, binary relation**) と呼びます．本書ではこのグラフ表現から議論を

[*4] 偶然対称行列になることはありますが，それは計算上は非対称行列の特殊な場合とみなします．

はじめたため，これ以外の「関係」を考慮してきませんでしたが，上の購買履歴の例にあるように 3 項関係，あるいはより一般に，**多項関係 (multiary relation)** と呼ばれる関係データも存在します．多項関係データは行列表現（多次元配列）の観点からみれば自然な拡張になっています．2 項関係では 2 次元配列を使いますが，たとえば 3 項関係の場合は 3 次元配列，一般に **N-項関係 (N-ary relation)** ならば N 次元配列を定義するだけです．

特に実応用上で重要度が高い多項関係データは**時系列データ (time series data)** です．たとえば購買履歴データを月あるいは週ごとに購買実績を収集していたとします．その収集タイミングを $t \in \{1, 2, \ldots, T\}$ で参照・検索すると，各時刻 t ごとに商品 i の顧客 j に対する販売実績 $x_{i,j,t}$ が観測されます．このとき，収集期間すべての実績をひとまとめにすると 1 つの関係データ行列が得られます：すなわち $\hat{\boldsymbol{X}} = (x_{i,j}), x_{i,j} = \sum_{t=1}^{T} x_{i,j,t}, i = 1, 2, \ldots, N_1, j = 1, 2, \ldots, N_2$．一方で，各時刻ごとの実績を区別すると，$T$ 個の関係データ行列が得られます：すなわち $\mathcal{X} = \{\boldsymbol{X}^{(t)}\}, t \in \{1, 2, \ldots, T\}$ となります．ここで $\boldsymbol{X}^{(t)} = (x_{i,j,t}), i = 1, 2, \ldots, N_1, j = 1, 2, \ldots, N_2$ です．このとき $\mathcal{X}$ は商品，顧客，そして時間の間の関係を表す多項関係データであり，3 次元配列として表現することが自然です．

本書では説明の簡便さ，実用上の計算の容易さ，また実際に扱われる機会が多いことなどを鑑みて前半では 2 項関係の関係データのみ対象としますが，第 5 章，第 6 章では行列の多次元拡張としての**テンソル (tensor)** 表現の関係データに対する解析手法を紹介します．

1.5 関係データ解析

これまで，関係データとは何か，その表現などについて見てきました．それでは，この関係データを使って解析をするときに，どのような解析タスクがあるでしょうか．また，その解析タスクに取り組む際にはどのようなアプローチがありうるでしょうか．

一口に関係データ解析といっても，その種類は多岐に渡り，本書だけで網羅することはできません．そこで，まずは解析タスクを大きく 2 つのカテゴリに分類します．そのうえで，それぞれのカテゴリはどのようなタスクかを

概観するとともに，具体的に本書で扱う問題に特に注力して説明します．

1.5.1 予測

1つ目の解析タスクは**予測 (prediction)** です．予測とはその名のとおり，観測データから学習，設計された統計モデルを用いて未観測のデータの値を推定する問題です．関係データにおける典型的な予測問題には，関係ネットワーク内に存在するリンクの有無の推定[49]（**リンク予測 (link prediction)** 問題）や，購買データを用いたユーザごとのアイテム購入 (adoption) 確率の推定などがあります．これらは典型的には関係データ行列の欠損値を予測する問題として実現可能です．また，ネットワーク内の**情報伝播 (information dissemination)** あるいは**情報拡散 (information diffusion)** の推定も予測問題の重要な例となります[35, 93]．

これらの問題は教師有り学習問題として定式化されることが一般的です．これは，未知のリンクや情報の伝播のしかたを予測するためには，これまでの経験（教師情報）から対象のネットワークの傾向の情報を知っておく必要があるためです．

アイテム推薦 (item recommendation) は欠損値推定の典型的な応用例の1つです．例として図 1.6 のように複数の映画に対して複数のユーザから評価を集めたデータがあるとします．ここで，あるユーザに対してそのユーザがまだ視聴したことのない映画を推薦する問題を考えます．ユーザの

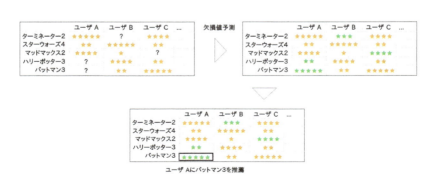

図 1.6 アイテム推薦の例．☆の数が多いほどその映画に対する評価が高いことを表します．？は欠損値を表します．

満足度を考えると，未視聴映画ならばどんなものでも推薦していいわけではなく，そのユーザが好みそうな映画を推薦することが重要となります．そこで，欠損値予測が使えます．すなわち，ターゲットとなるユーザが未視聴な映画に対する評価をすべて予測し，その中で最もよい評価を得ると予測した映画を推薦します．

1.5.2 知識抽出

もう1つの解析タスクは**知識抽出 (knowledge extraction)** あるいは**知識発見 (knowledge mining, knowledge discovery)** と呼ばれるタスクです．このタスクでは，グラフ特徴を計算することで関係データ自体の特性を解析することや，与えられた観測データを適切にモデル化することによって何らかの有用な知見や知識につながる情報を抽出することが目的です．関係データにおける典型的な知識発見問題には，ネットワーク内の**コミュニティ抽出 (community extracton)**，あるいはより広義の**クラスタリング (clustering)** などがあります．

知識抽出タスクの多くは教師無し学習問題として定式化されます．これには2つ理由があると考えています．まず，グラフの特徴量により関係データの性質を明らかにするという目的の場合，すでに定義されているグラフ特徴量を計算するだけなので教師データや学習は必要ありません[*5]．次に，特にクラスタリングなどの場合，実世界の関係データの中にどのようなクラスタが存在するのか，あるいは本当にクラスタが存在するのか自体が誰にもわからないために教師データが作成できないという問題があります．したがって，これらの課題においては「もしクラスタがあるならばこのような性質に従うはずだ」という利用者の仮説（意図）を反映するように計算モデルを作成して，実際のデータと突きあわせて計算結果を吟味するというアプローチをとります．

続いて，具体的な知識抽出タスクとして，本書で主に扱う「関係データクラスタリング」についてその実例を示します．

クラスタリングは，乱暴にいえば特徴空間で近くにあるサンプルをまとめ

[*5] グラフの性質を表す統計量としては，平均次数（各オブジェクトが平均的にもつ関係の数），グラフ半径/直径（各オブジェクトからの最遠オブジェクトまでのパス長の最小値と最大値），クラスタ係数（相互に接続しあうオブジェクトの3つ組の割合）などがあります．詳しくは[24]をご覧ください．

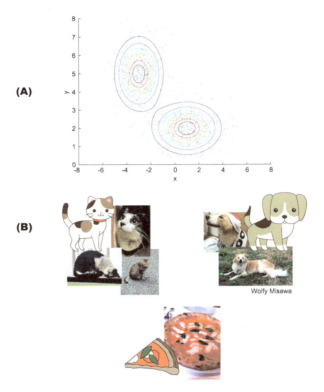

図 1.7 クラスタリングが人間の直観で即座に可能な例を示します．(A) 2 次元空間に散在するサンプル群をクラスタリングする例．(B) 似ている画像をクラスタリングする例．

る「だけ」の操作です．したがって，クラスタリングの対象データが可視化可能である場合，人間の目で見ると「一目でわかる」ような簡単なタスクに感じられることがあります．図 1.7 はそのような例です．図 1.7(A) は 2 次元空間に分布する数百点のサンプル点群のクラスタリングの例です．これは機械学習技術を使うことでも簡単にクラスタリングできますが，人の目でも大まかなクラスタはすぐ把握できます．一方，図 1.7(B) は「似ている画像」をクラスタリングするタスクです．これには高度な画像認識技術が必要ですが，たとえば写真 100 枚程度ならば人間の目でも簡単にグループ分けできると思われます．

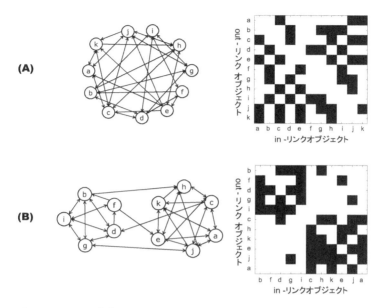

図 1.8 非常に小規模かつ簡単な関係データのクラスタリング例. (A) もとデータのグラフ表現および行列表現です. (B) 同じデータを人間にわかりやすいようにオブジェクトを配置,順序を入れ替えたものです.

一方,関係データのクラスタリングはオブジェクト数が少ない場合でも非常に困難になります.図 1.8 はオブジェクト数 $N = 11$ の 2 値の人工関係データです.図 1.8(A), (B) ともに同一の関係データをグラフ表現および行列表現で可視化したものです.それぞれの可視化結果ごとに,「同じようなつながりをもつ頂点(オブジェクト)をグループ分け」してみてください.図 1.8(A) から,図 1.8(B) にあるようなグループ分けを実現するのはかなり大変ではないでしょうか.この例にはわずか 11 個の頂点しか存在しませんが,関係データがいかに直観的に理解しにくいかを端的に表す例になっていると思います.

1.5.3 本書のアプローチ: 低次元構造をとらえる

関係データ解析技術の必要性を説明したところで,本書でのアプローチを

説明します．

　本書では，解析に供される実関係データは完全なランダムグラフではなく，何らかの低次元構造が埋め込まれているという仮定に立っています．簡単にいうと，N 個のオブジェクトあるいは N^2 の関係データ行列エントリを表現するために $K<N$ の共通パターンがあれば大部分の情報を復元できるという仮定です．

　もし，関係データのもつ情報を表現するのに必要な本質的な次元が，観測されたデータの次元と同じ程度であれば，与えられたデータから何か意味のある情報（構造）とノイズを区別したいと考えても，それは絶望的な企てです．しかし，データの本質的な情報の構造が低次元であれば，構造の形を仮定したモデルを利用することで，モデルにマッチする部分（構造）とマッチしない部分（ノイズ）に分離し，役立つ解析をすることができます．

　したがって，関係データ解析を実施する際には，与えらえたデータとタスクに対して，どのような構造の形を仮定するか，そしてそのために適切なモデルを利用しているかを見極める必要があります．

　次章以降では，そのようなモデルの仮定と選択について有効性が認められている代表的な手法について解説します．それらの手法は，下の 2 種類の構造のいずれかを仮定します．

1. **関係データ行列のブロック構造**　関係データ行列の行インデックスと列インデックスをそれぞれ $K<N$ 個程度のグループに分割して，同じグループのオブジェクトが隣接するように行と列を並び替えます．このとき，よい分割を見つけると，並び替えた関係データ行列がチェッカーボードのように上下左右のブロック模様に可視化されることがあります．これは，オブジェクト間の関係データを，行と列の「グループ間」の関係パターンという抽象化されたモデル構造で表現したことになります．
2. **関係データ行列の低ランク性**　関係データ行列が低ランクである場合は，たとえば $N \times N$ の関係データ行列を $K<N$ 個の基底ベクトルの線形和で表現できるということになります．つまり，N 個の関係パターンを K 種類の潜在パターンで表現することができます．

　この 2 種類の構造は互いに排反するものではなく，むしろ密接に関わりあっています．したがって，紹介する各手法も少なからず共通する部分があ

りますので，1つ1つを理解することで，ほかの手法の理解にもつながります．

1.6 本書の目的と構成

本書の目的は，以上のようにさまざまな表現と種類の関係データに対する解析技術の一端を紹介することです．

Microsoft Excel のような BI (Bussiness Intelligence) ツールは，すでに各種統計手法（回帰や検定など）の関数を多数備えていますが，関係データ解析のツールを備えた BI ツールはまだ一般的になっているとはいえません．また，関係データの可視化ツールがいくつか公開されています[*6]が，単純な可視化以上のことを行いたい，あるいは，複数ドメインの関係データの解析では自らの手でモデルを設計し実装することが必要となる場面が多いと考えます．そこで，本書では関係データ解析の基本となる技術の考え方と定式化，それに 2016 年時点での最新の到達点などを説明します．

今後の章の構成は図 1.9 のようになります．第 2 章では対称関係データを対象として，最も単純な関係データ解析技術の 1 つであるスペクトラルクラスタリングを紹介します．また，数式やアルゴリズムによる関係データの解

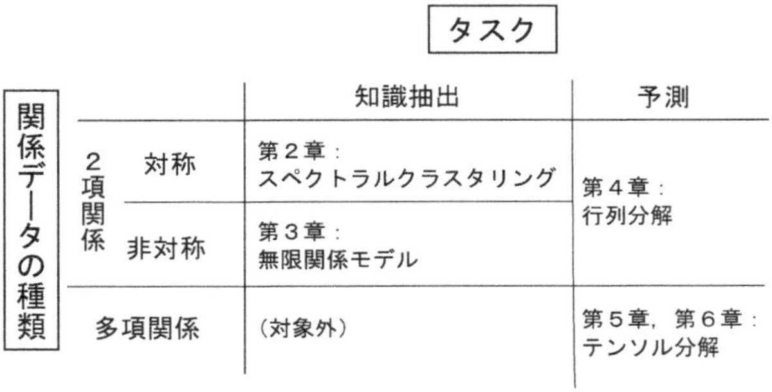

関係データの種類		タスク	
		知識抽出	予測
2項関係	対称	第 2 章：スペクトラルクラスタリング	第 4 章：行列分解
	非対称	第 3 章：無限関係モデル	
多項関係		（対象外）	第 5 章，第 6 章：テンソル分解

図 1.9 この後の本書の進め方．行方向は関係データの種類，列方向は関係データ解析タスクの種類で分類しています．

[*6] 有名なものとしては Gephi (http://oss.infoscience.co.jp/gephi/gephi.org/features/) があります．

析表現の導入も兼ねます．第3章ではより一般的な非対称関係データからの知識抽出タスクのために，現在の確率的な関係データクラスタリングの基礎手法と呼べる無限関係モデルを導入するとともに，確率的モデリングのアイデアを丁寧に紹介します．第4章では一般の非対称関係データ行列に対する予測タスクに関して，最も有効な手法のうちの1つである行列分解法を紹介します．第5章では多項関係を表現するためのテンソル関係データを導入します．最後に第6章でテンソルデータの因子分解法を紹介します．

Chapter 2

対称関係データのクラスタリング技術：スペクトラルクラスタリング

本章では，関係データからの知識発見のもっとも典型的な問題の1つ，クラスタリングについて解説します．また，その解決法として，対称関係データ（無向かつ単一ドメインの関係データ）に対するスペクトラルクラスタリングを紹介します．

2.1 関係データのクラスタリングとは

本章および次章では，知識発見タスクの中でも**クラスタリング (clustering)** というタスクをとりあげます．クラスタリングとは，多数のオブジェクトが与えられたときに，何らかの意味で類似する特徴をもつオブジェクトを集めて，いくつかのグループ（クラスタと呼ばれます）に分類するタスクです．すなわち，データセット $\bm{x} = \{x_i\}, i = 1, 2, \ldots, N$ が与えられたときに，このデータ群を K 個のクラスタに分類することが目的です．クラスタリングの手法としては，たとえば，データセットが通常の d 次元連続特徴ベクトルの集合である場合によく使う k-means クラスタリングや mean shift クラスタリング[11]，文書データのように離散シンボルの集合で表現される場合に使える latent Dirichlet allocation[8] など，さまざまな目的に合わせた

多様な手法が提案されています．

関係データ解析においては，クラスタリングの対象はオブジェクト（頂点，関係の主体となるもの）かエッジ（辺，リンク）となります．しかし，多くの論文では「関係データクラスタリング＝オブジェクトのクラスタリング」を指します[1, 34] ので，本書もそれに倣ってオブジェクトのクラスタリングについて議論します．

関係データのオブジェクトクラスタリングでは，関係データ行列の行および列の要素をそれぞれクラスタリングします．このとき，各クラスタに所属するオブジェクト（行，列のインデックス）は，何らかの意味で類似した性質をもつはずですが，この「類似性」をどのように定義するかによってクラスタリング結果が異なります．関係データの場合，以下の3種類を考えることができます．

1. 各オブジェクト自身 i, j がもつ，関係によらない特徴量の類似性
2. 各オブジェクト i, j がほかのオブジェクトとどのような関係をもっているか
3. 上記2つの両方を考慮した類似性

まず，1. の場合ですが，これは各オブジェクト（頂点）が関係情報以外の特徴量をもっていることが前提になります．たとえば，社内人間関係データであれば，社員オブジェクトごとに勤続年数やこれまで参画したプロジェクト，利用可能なコンピュータ言語などのような属人的な特性の情報が得られる状態です．このときに，「関係」を利用せず，オブジェクトごとに特徴の分布に対して k-means クラスタリングなどの通常のクラスタリングを実施するのが 1. のアプローチです．

本章および次章の主な興味は 2. の場合です．この場合，各オブジェクト（頂点）は匿名化されており，また個々のオブジェクトと特徴づけるような情報（先ほどの社内人間関係データでいうところの属人的な特性）も見当がつかない状態と考えます．したがって，オブジェクトのクラスタリングに利用できる情報はオブジェクト間の「関係」（辺）だけになります．関係クラスタリングでは，この「関係」データの類似性，たとえば辺でつながった頂点集合の類似性などを利用して類似した関係をもつオブジェクトをクラスタリングします．

最後に，3. の場合は両方の情報が使えると期待します．つまり，属人的な特性と人間関係の両方の情報を使ってオブジェクトのクラスタリングを行います．この場合は上記1, 2の両方の結果あるいは目的関数を適当に案分した計算を行って双方のよいバランスをとることが技術的な興味になります．

2.2 対称関係データのオブジェクトクラスタリング法：スペクトラルクラスタリング

本節では対称関係データ（無向かつ単一ドメインの関係データ）のオブジェクトクラスタリングについて説明します．最後に代表的な手法である**スペクトラルクラスタリング (spectral clustering)** とはどのようなものかを紹介します．

2.2.1 コミュニティ検出と密結合グラフ

関係データクラスタリングと一口にいっても，見つけたいクラスタの性質や関係データの特徴などに応じて利用可能な手法が異なります．本章では，その中でも特に対称関係データからの**コミュニティ検出 (community detection)** というタスクに着目します．

コミュニティとは，そのクラスタ内部ではオブジェクト同士で密な結合をもつ一方でクラスタ外のオブジェクトとは非常に疎な結合をもつ頂点のクラスタのことです．このような頂点クラスタのことを**密結合クラスタ (assortative cluster)**[59] と呼びます[*1]．一方，クラスタ内部では疎な結合をもつ一方でクラスタ外のオブジェクトと多数の結合をもつようなクラスタのことを**疎結合クラスタ (disassotative cluster)**[59] と呼びます．図 2.1 を参照してください．

ネットワーク解析で興味があるのはコミュニティ，つまり密結合クラスタの場合が多いです．これは，同じような趣味や年齢，学歴や職歴などの属性をもつユーザたちが SNS 上で形成するクラスタ（学術的，技術用語ではない「コミュニティ」）は密結合なクラスタを形成することが多いためです[*2]．そ

[*1] 著者の知る限り，assortative/disassortative cluster に対する学術的な日本語訳は未定義です．分散計算の分野ではクラスタ間の通信リンクの疎密に合わせて疎結合クラスタ，密結合クラスタという用語を用いますが，本書で用いる用語とは関係がありません．

[*2] このことを社会学ではホモフィリー (homophily) と呼びます．

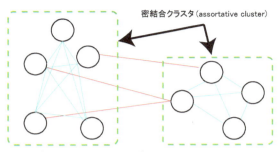

(A) 密集合クラスタからなるグラフ (assortative mixing graph)

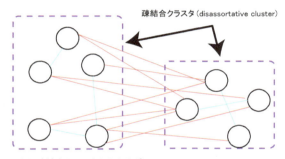

(B) 疎結合クラスタからなるグラフ (disassortative mixing graph)

図 2.1 密集合クラスタ (assortative cluster) と疎結合クラスタ (disassortative cluster). (A) 密集合クラスタは，クラスタ内のオブジェクトが相互に密に結合している一方，クラスタをまたぐリンクは非常に疎です．(B) 疎集合クラスタは，クラスタ内のオブジェクト間には疎な結合しか観測されませんが，クラスタをまたぐリンクが密であることが特徴です．

こで，関係データが与えられたときに，グラフ全体が密結合なクラスタの集合から構成されていると仮定し[*3]，どのクラスタにどのオブジェクトを帰属させるべきかを計算するのがコミュニティ抽出です．

2.2.2 グラフカット

あるクラスタが密結合クラスタか否か判断したり，あるいはこのような密結合クラスタを発見したりするためには，どのような特徴量を計測すればよ

[*3] このようなグラフのことを**密結合クラスタからなるグラフ (assortative mixing graph)** と呼びます．

いでしょうか．そのような特徴量の候補の 1 つがグラフの**カット (cut)** です．**グラフカット (graph cut)** 関数とは，関係データ行列あるいは**類似度行列 (affinity matrix)** によるグラフデータの頂点（オブジェクト）の分割に対して定義されます．N 個のオブジェクトを K 個のクラスタに排他的に分割します．このとき k 番目のクラスタに所属する頂点のインデックス集合を P_k，k 番目以外のクラスタに所属する頂点のインデックス集合を $\bar{P}_k$ とします．このとき，この分割 $P = (P_1, P_2, \ldots, P_K)$ に対するグラフカット関数は

$$\mathrm{cut}(P) = \frac{1}{2} \sum_{k=1}^{K} \sum_{i \in P_k, j \in \bar{P}_k} x_{i,j} \tag{2.1}$$

で定義されます．以降，この関数を簡単のためカットと呼びます．ここで $x_{i,j}$ は頂点 i, j 間をつなぐ辺の重みを表します．

このカットは，異なるクラスタに所属する頂点間の辺の重みを表します．すなわち，カットの最小化は，頂点集合をつながりの弱い部分で分割することにつながります．**カット最小化 (mincut)** に基づく関係データクラスタリングは，主に上記のカットおよびその変種を最小化することでグラフ内の密結合クラスタ（クラスタ内の頂点は相互に強い関係をもち，クラスタの異なる頂点間は関係が弱い）を抽出します．よって，カット最小化によってコミュニティクラスタの抽出が可能ということになります．

なお，このカット最小化の解の傾向ですが，クラスタ数を K とすると，

- 頂点数が 1 もしくはごく少数で，ネットワーク全体から孤立したクラスタを $K - 1$ 個
- 残りの頂点全体からなる巨大なクラスタが 1 つ

という分割が現実的に最小解となることが多いとされています[84]．このような分割はクラスタリングとしてはあまり望ましくない結果なので，実際には各クラスタがある程度の大きさをもつようにさまざまな正規化を行ったカットを利用します．

2.2.3　スペクトラルクラスタリング

正規化を伴う最小カットを求める問題は NP 困難であり，最適解を現実的

な時間で探索することは難しいことが知られています[85]．そこで，離散的な正規化カット最小化問題を連続緩和して解くことを考えます．それが本章の話題となる**スペクトラルクラスタリング (spectral clustering)** です．

スペクトラルクラスタリングではグラフを隣接行列で表現します．スペクトラルクラスタリングの文脈では，隣接行列はグラフ内の2つのノード間にリンクがあれば1，リンクがなければ0の値をもつ関係データ行列です．その隣接行列から導かれる**グラフラプラシアン (graph Laplacian)** と呼ばれる行列の固有値に着目したときに，第2最小固有値およびそれ以降の固有値の値によってグラフ内のノード間の連結性が推定できる[78]という性質を利用して，固有値分解とk-meansクラスタリングの併用によりグラフを構成する頂点のクラスタリングを実現します．

たとえば，図2.2にあるようなグラフで表現される関係データを考えます．これにスペクトラルクラスタリングを適用してしてクラスタリングすると，3つの密な結合をもつオブジェクトクラスタの構造を再現できます．なお，上記の例では隣接行列の定義どおりにリンクの有無で1, 0の値のみをもつ関

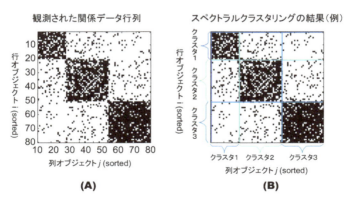

図2.2 スペクトラルクラスタリングの簡単な実践例．(A) 対象とするデータ．ここでは，大きく3つの密な結合をもつ部分集合からなることをわかりやすくするために行（列）のオブジェクトインデックスを入れ替えて表示しています．対称関係データです．また，行と列のオブジェクトのインデックスは同一オブジェクト（グラフ内のノード）を指します．黒＝関係あり (1), 白＝関係なし (0)．(B) スペクトラルクラスタリングによるオブジェクトのクラスタリング結果．(A) と同様にオブジェクトインデックスはソートされています．行（列）を分割する線分がアルゴリズムによって発見されたクラスタの区切りです．

係データの例を示していますが，実際には非負実数値の重みを表現する対称関係データ行列であってもプログラム上は計算できますし，多くの場合よい結果を得ることができます．

　なお，スペクトラルクラスタリングは対称関係データ行列にのみ適用できます．単一ドメインの有向関係データに対して，双方向の重みを平均するなどして関係データ行列を対称化して適用することがありますが，一般に非対称関係データに用いることは不可能です．

2.3　非正規化グラフラプラシアンによるスペクトラルクラスタリング

　最初に，最も単純なアルゴリズムに基づくスペクトラルクラスタリングを説明します．最も単純ではありますが，スペクトラルクラスタリングの理解のためにはこのアルゴリズムで必要十分です．

2.3.1　入力と出力
　スペクトラルクラスタリングへの入力は以下のとおりです．

1. ノード数（オブジェクト数）$N \in \mathbb{N}$．
2. N個のオブジェクト（ノード）間の対称関係データ $\boldsymbol{X} = (x_{i,j})$．対称関係データなのでインデックス$i, j$のとる範囲は一致します（$i, j \in \{1, 2, \ldots, N\}$）．また，関係データの各要素$x_{i,j}$について$x_{i,j} \in \{0, 1\}$として議論を進めます．なお，実運用においては$x_{ij} \in \mathbb{R}^+$としても，よく機能することが多いです．
3. 想定される潜在クラスタ数 $K \in \mathbb{N}$．スペクトラルクラスタリングではk-means法などと同様に解析の前に想定される潜在クラスタの数を与える必要があります．なお，このKの決定方法については交差検定や後に説明する固有値の変化による閾値処理など，さまざまなヒューリスティクスが提案されています．

　一方，出力としてはN個のオブジェクトのもつ関係情報から推察される，各オブジェクトのクラスタリング結果が得られます．その前段階の副産物を含めれば，スペクトラルクラスタリングは2つの量を出力します．

入力

(1) クラスタ数 K

$K = 2$

(2) 無向関係データ（行列）X

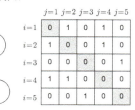

出力

(1) 各オブジェクトの K 次元表現

（図は省略）

(2) 主産物：各オブジェクトのクラスタ割当

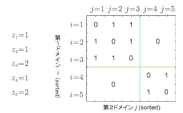

図 2.3　スペクトラルクラスタリングの入出力．

1. 主産物: N 個のオブジェクトを K 個の密結合クラスタ（コミュニティ）に分類した結果（$Z = \{z_i\}, i = 1, 2, \ldots, N$）．各 z_i は各オブジェクトの**クラスタ帰属 (cluster assignment)** を表します．具体的には，$z_i = k$ で，オブジェクト i は $k \in \{1, 2, \ldots, K\}$ 番目のクラスタに帰属することを意味します．

2. 副産物: 各オブジェクト i を，K 次元連続空間に埋め込んだ場合の特徴ベクトル $\boldsymbol{v}_i$．これは，関係データから推定される，オブジェクトの「位置」になります．

今後の説明で用いるために，ここで人工的に作成した関係データを導入しておきます．今，2つの完全連結部分グラフからなる理想的な関係データ行列 $\boldsymbol{X}$ を考えます．つまりグラフ内には2つのクラスタが存在し，各クラスタ内のオブジェクト間はすべてリンクがあり，一方，異なるクラスタに所属するオブジェクト間にはリンクがない関係データです．このような $\boldsymbol{X}$ の例の1つを図 2.3 に示します．今回は簡単のため，リンクがあれば $x_{i,j} = 1$，リンクがなければ $x_{i,j} = 0$ としています．

2.3.2　次数行列とグラフラプラシアン

それでは具体的にスペクトラルクラスタリングの計算過程を説明します．

2.3 非正規化グラフラプラシアンによるスペクトラルクラスタリング

(A) 観測された関係データ行列 X

	$j=1$	$j=2$	$j=3$	$j=4$	$j=5$
$i=1$	0	1	0	1	0
$i=2$	1	0	0	1	0
$i=3$	0	0	0	0	1
$i=4$	1	1	0	0	0
$i=5$	0	0	1	0	0

(B) 次数行列 D

	$j=1$	$j=2$	$j=3$	$j=4$	$j=5$
$i=1$	2	0	0	0	0
$i=2$	0	2	0	0	0
$i=3$	0	0	1	0	0
$i=4$	0	0	0	2	0
$i=5$	0	0	0	0	1

(C) グラフラプラシアン行列 L

	$j=1$	$j=2$	$j=3$	$j=4$	$j=5$
$i=1$	2	-1	0	-1	0
$i=2$	-1	2	0	-1	0
$i=3$	0	0	1	0	-1
$i=4$	-1	-1	0	2	0
$i=5$	0	0	-1	0	1

図 2.4 (A) 入力された関係データ行列 X. (B) その次数行列 D. (C) そのグラフラプラシアン行列 L.

まず，入力された関係データ行列 X から**次数行列** (degree matrix) を計算します．次数行列 $D = (d_{i,j})$ は対角行列です．すなわち非対角要素はすべて 0 で，i 番目の対角要素 $d_{i,i}$ は X 内のオブジェクト i のもつ**次数** (degree)，すなわちリンク数あるいはリンクの重みの総和になります．通常，次数はオブジェクトの受けるリンク総数である**入次数** (in-degree) とオブジェクトの伸ばしたリンク総数である**出次数** (out-degree) と区別する必要がありますが，スペクトラルクラスタリングの場合は対称関係データのみを扱うので入次数と出次数は等しくなります．そこでこれを単純に次数と呼びます．

数式で表現すると，$N \times N$ 対角行列である次数行列 D は以下のように定義されます．

$$D = (d_{i,j}), \ i,j = 1, 2, \ldots, N$$
$$d_{i,j} = \begin{cases} \sum_{j=1}^{N} x_{i,j} & i = j \\ 0 & i \neq j \end{cases} \tag{2.2}$$

図 2.3 で示した観測関係データから上記の次数行列を計算すると**図 2.4**(B) のようになります．リンクを多数もつオブジェクトに対応する対角成分は大きな値をもつことがわかります．

続いて，スペクトラルクラスタリングではグラフラプラシアンと呼ばれる行列を計算します．このグラフラプラシアンにはいくつかの種類があり，どれを使うかによってスペクトラルクラスタリングが分類されます[84]．

単純なグラフラプラシアン L の計算式は簡単で，以下のとおりです．

$$L = D - X \tag{2.3}$$

このラプラシアンは非正規化グラフラプラシアン (**unnormalized graph Laplacian**) と呼ばれます．図 2.3 で示した観測関係データから計算した例を図 2.4(C) に示します．

2.3.3 固有値分解によるクラスタ抽出

図 2.4(C) に示したグラフラプラシアンを見ると，似たような値をもつ行 (列) があることがわかります．これらの行，すなわちオブジェクトはグラフ上で見ると同じ密結合クラスタに所属していることがわかります．つまり，このグラフラプラシアンから「似たような」パターンを計算できればオブジェクトのクラスタリングが達成できそうです．スペクトラルクラスタリングでは，そのパターンの計算に**固有値分解** (**eigenvalue decomposition**) を利用します．

ここで簡単に固有値分解の復習をします．固有値分解は最も基本的な線形代数演算の 1 つです．今，対称行列 $M \in \mathbb{R}^{N \times N}$ が与えられたとします．このとき，$K < N$ に対し

$$M = V \Lambda V^\top$$

が成立するような列直交行列 $V \in \mathbb{R}^{N \times K}$ と対角行列 $\Lambda \in \mathbb{R}^{K \times K}$ を求めます．ここで，$V^\top$ は行列 V の**転置** (**transpose**) を表します．また，対角行列 Λ の各対角要素を行列 M の**固有値** (**eigenvalue**)，また V の各列ベクトルを行列 M の**固有ベクトル** (**eigenvector**) と呼びます．Λ の第 (k, k) 成分を λ_k，V の第 k 列ベクトルを v_k とすると

$$\lambda_k v_k = M v_k$$

という式が成り立ちます．これを**固有値問題** (**eigenvalue problem**) とも呼びます．固有ベクトルはそれぞれが互いに線形独立であり，また行列 M の各列ベクトルは固有ベクトルの線形結合で表現できます．なお，$\lambda_1 \leq \lambda_2 \leq \cdots \leq \lambda_K$ が成立するものとします．

スペクトラルクラスタリングではグラフラプラシアン L (式 (2.3)) の固有値分解を行います：

2.3 非正規化グラフラプラシアンによるスペクトラルクラスタリング

$$L = V\Lambda V^\top$$
あるいは $\lambda_k \boldsymbol{v}_k = L\boldsymbol{v}_k$

グラフラプラシアンのような半正定値行列では，固有値はすべて非負の実数になりますので $0 \leq \lambda_1 \leq \lambda_2 \leq \cdots \leq \lambda_K$ が成立します．またこれらの固有値にそれぞれ対応する固有値ベクトル行列 $\boldsymbol{V} = (\boldsymbol{v}_1, \boldsymbol{v}_2, \ldots, \boldsymbol{v}_K) \in \mathbb{R}^{N \times K}$ は，各 i 番目の行が，i 番目のオブジェクトの K 次元圧縮表現となっています．ここで K は想定しているクラスタ数です．

なぜこれでよいのでしょうか．数学的には参考文献[78]にある議論を参照していただきたいのですが，直観的にはグラフラプラシアンの具体的な構造を観察すると理解できます．

グラフラプラシアンは半正定値行列ですので，固有値のとりうる最小値は 0 になります．そして，グラフグラプラシアンは 0 となる固有値を必ず 1 つはもちます．なぜなら定数ベクトル **1** は必ず固有値 0 を実現するからです．これは図 2.4(C) からもわかります．

さて，もし $k > 1$ なる k についても $\lambda_k = 0$ の場合にはどのような固有ベクトルを準備すればいいでしょうか．それには定数ベクトル **1** の各要素を排他的に分割するベクトルを k 個準備するのが簡単です．要素の分割の方法は，たとえば

1. $\boldsymbol{v}_1$: $i_1 = 1$ およびこのオブジェクトとリンクをもつすべてのオブジェクトに相当する次元を 1, それ以外の次元を 0 としたベクトル（図 2.5 だと緑色の要素）
2. $\boldsymbol{v}_2$: $\boldsymbol{v}_1$ で値 1 をとらなかった次元のうち最も若い次元のインデックスを i_2 とする（図 2.5 だと $i_2 = 3$）．このとき，このオブジェクトおよびこのオブジェクトとリンクをもつすべてのオブジェクトに相当する次元を 1, それ以外の次元を 0 としたベクトル（図 2.5 だと紫色の要素）
3. それ以降: 以下同様にまだ値 1 の立っていない次元を探して，連結するオブジェクト相当の次元が 1, それ以外が 0 となるベクトルを構成していく

とします．

このようにして構成された k 個の固有ベクトルが線形独立であることは明

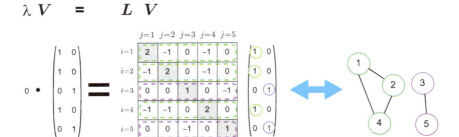

図 2.5 グラフラプラシアンの固有値分解からクラスタが見つかるしくみ.

白です.また,このとき固有ベクトル v_k は k 番目のクラスタに所属するオブジェクトを示す指示ベクトルとなっていることがわかります.最後に,このように相互に直行して固有値 0 を与える固有ベクトルを何個準備できるかを考えると,それはグラフに内在する完全部分グラフの個数 K と一致することも明らかでしょう.実際,図 2.4(C) の例では $K = 2$ ですが,上記の構成法で作った固有ベクトル以外に固有値 0 を与える非自明なベクトルは,(定数ベクトル **1** を含めて) 上記構成法で作った固有ベクトルに線形従属になるので,これ以上はありません.

このことから,K 個のクラスタをもつグラフの場合,最小 K 個の固有値は 0 となり,それ以降の固有値は非ゼロの正数となります.また,最小 K 個の固有ベクトルがクラスタの指示ベクトルになるようにとれることもわかります.以上により,スペクトラルクラスタリングの手続きが直観的に正しそうであることが理解できると思います.

2.3.4 クラスタ割り当て Z の計算

図 2.3 で入力される関係データにおいて,各クラスタ内は全結合しています.一方で 2 つのクラスタ間には辺がいっさい存在しないため,密結合グラフの発見のためには理想的な状況で議論を進めたことになります.しかし,実際の関係データではクラスタ内のオブジェクトのすべてがリンクでつながっているとは限りませんし,別のクラスタのオブジェクトともリンクをもつ可能性がありますので,固有値を計算しても最小値が 0 となるとは限りま

せん．それでも固有値としてはできるだけ 0 に近い方が理想的なクラスタに近いものが抽出できるはずです．したがって，最小の K 個の固有値および固有ベクトルを採用します．

続いて，具体的なクラスタ割り当てを得るために行列 V に k-means クラスタリングアルゴリズムを適用します．k 番目の固有ベクトルの各次元の値は，k 番目のクラスタへの帰属度に対応する（小さいほど帰属する）特徴量と考えることができます．そこで V を N 個の K 次元ベクトルととらえ，K 次元空間で $k = K$ とする k-means クラスタリングを実施します．このクラスタリングの結果，ノイズの影響を受けにくいクラスタ割り当て $Z = \{z_i = k\}$ を得ることができます．

2.3.5 まとめ：アルゴリズム

以上が非正規化グラフラプラシアンに基づく，単純なスペクトラルクラスタリングの手続きと主なアイデアの簡単な説明になります．アルゴリズム 2.1 は以上を疑似コードにまとめたものになります．

アルゴリズム 2.1 非正規化グラフラプラシアンに基づくスペクトラルクラスタリング

入力：$N \times N$ 対称関係データ行列 X，想定クラスタ数 K．
出力：K 次元空間内のオブジェクト配置行列 V，N オブジェクトのクラスタ割り当て Z．
1. 式 (2.2) に従って次数行列 D を計算．
2. 式 (2.3) に従ってグラフラプラシアン L を計算．
3. L の固有値分解を計算する．固有値を昇順に並べ替えたときに，最初の K 個の固有値に対応する列固有ベクトルを $V = (v_1, v_2, \ldots, v_K) \in \mathbb{R}^{N \times K}$ として取り出す．
4. 行列 V の各行ベクトルを k-means クラスタリング ($k = K$) でクラスタリングする．i 行目のベクトルのクラスタ割り当てが c だったとき，与えられた関係データの c 番目のオブジェクトのクラスタ割り当てを $z_i = c$ とする．

計算に必要な技術は固有値分解と k-means クラスタリングだけです．これは近年のスクリプト型プログラミング言語（MATLAB, Python, R など）であればはじめから組み込まれているか，あるいはライブラリで実装されています．したがって非常に簡単に実装することが可能です．また，このアルゴリズムでは，人手で設定しないといけないパラメータは K だけですので，手軽に対称関係データをクラスタリングする際にはよい選択肢となります．

2.4 正規化グラフラプラシアンによるスペクトラルクラスタリング

ここまでで基礎となる単純なスペクトラルクラスタリングについて説明しました．本節では，グラフラプラシアンに正規化することで性能を上げたスペクトラルクラスタリングと，グラフカットとの関係を説明します．

2.4.1 正規化カットとスペクトラルクラスタリングアルゴリズムとの関係

先に説明したように，式 (2.1) の単純なカットは「大きなクラスタが 1 つと，そこから孤立した頂点による非常に小さな多数のクラスタ」という分割が最小解となることが多いとされてます．しかしながら，このような分割はクラスタリングとしてはあまり好ましくありません．望ましいのは，頂点の数が大きすぎず小さすぎず，かつ密結合な特性をもったクラスタが少数あるような状態です．そこで，各クラスタがの大きさに制約をかけるように，さまざまな正規化を行ったカットを利用します．その中でも有名なものがレシオカット (**Ratio Cut**)[16] とノーマライズドカット (**Normalized Cut, NCut**)[76] です[*4]．

$$\text{RatioCut}(P) = \frac{1}{2} \sum_{k=1}^{K} \frac{\sum_{i \in P_k, j \in \bar{P}_k} x_{i,j}}{|P_k|} = \sum_{k=1}^{K} \frac{\text{cut}(P_k, \bar{P}_k)}{|P_k|} \tag{2.4}$$

$$\text{NCut}(P) = \frac{1}{2} \sum_{k=1}^{K} \frac{\sum_{i \in P_k, j \in \bar{P}_k} x_{i,j}}{\text{vol}(P_k)} = \sum_{k=1}^{K} \frac{\text{cut}(P_k, \bar{P}_k)}{\text{vol}(P_k)} \tag{2.5}$$

[*4] ノーマライズドとは「正規化された」ですが，「カットの正規化」と紛らわしくなる点，および日本語で「ノーマライズドカット」と呼称されることも多い点を鑑みて，本書では Normalized Cut のことは「ノーマライズドカット」と呼ぶこととします．

ここで

$$\mathrm{vol}(P) = \sum_{i,j \in P} x_{i,j}$$

レシオカット（式 (2.4)）は各クラスタ k に関するカットをクラスタのサイズ，すなわちクラスタ内の頂点数で除して正規化します．したがって，クラスタが大きいほどカットが小さくなりますので，単純なカットで問題となる「単一の頂点のみからなるクラスタ」は排除されやすくなります．一方，ノーマライズドカット（式 (2.5)）はクラスタ内のリンク重みの総和で除します．つまり，クラスタが大きくかつ相互に密に結合しているほどカットが小さくなります．目的にもよりますが，典型的なコミュニティ検出の意味では後者のほうが望ましいとされています．

レシオカット，ノーマライズドカットともに厳密な最小化は計算困難ですので，実際には連続緩和した問題を解きます．緩和したレシオカット最小化は，先ほど説明した非正規化グラフラプラシアンに基づくスペクトラルクラスタリングに一致することが示せます．一方緩和したノーマライズドカット最小化問題は，これから説明する正規化したグラフラプラシアンによるスペクトラルクラスタリングに帰着します．

これらの正規化グラフカットからスペクトラルクラスタリングを導出することは，技術的には難しいことは特にありません．ただ，細かい計算の連続になるので，本書では省略します．興味をもたれた方は章末の参考文献[84]を参照してください．

2.4.2 対称正規化グラフラプラシアンに基づくスペクトラルクラスタリング

まず，エングらによって提案された，正規化グラフラプラシアンに基づくスペクトラルクラスタリング[60]を説明します．上記のノーマライズドカット（式 (2.5)）は，グラフラプラシアンの行列を用いた 2 次形式に書きかえることができます．その 2 次形式を最小化する解を制約つきで解くと新しいスペクトラルクラスタリングアルゴリズムを導出できます．

解くべき固有値分解の対象となるグラフラプラシアンは以下の形になります．

$$\boldsymbol{L}_{\mathrm{sym}} = \boldsymbol{D}^{-\frac{1}{2}} \boldsymbol{L} \boldsymbol{D}^{-\frac{1}{2}} \tag{2.6}$$

次数行列による正規化が式 (2.5) の分母部分に大まかに対応します．

上記の**対称正規化グラフラプラシアン (symmetric normalized graph Laplacian)** に基づくスペクトラルクラスタリングの擬似コードをアルゴリズム 2.2 に示します．このアルゴリズムでは k-means アルゴリズムによるクラスタリングを行う前に，固有値行列 V の各行のノルムを 1 に正規化する必要があるために，余計な計算コストが発生します．

アルゴリズム 2.2 対称正規化グラフラプラシアンに基づくスペクトラルクラスタリング[60]

入力：$N \times N$ 対称関係データ行列 X, 想定クラスタ数 K.
出力：K 次元空間内のオブジェクト配置行列 V, N オブジェクトのクラスタ割り当て Z.
1. 式 (2.2) に従って次数行列 D を計算.
2. 式 (2.6) に従ってグラフラプラシアン L_{sym} を計算.
3. L_{sym} の固有値分解を計算する．固有値を昇順に並べ替えたときに，最初の K 個の固有値に対応する．列固有ベクトルを $V = (v_1, v_2, \ldots, v_K) \in \mathbb{R}^{N \times K}$ として取り出す．
4. V の各行ベクトルのノルムを 1 に正規化する．
5. 行列 V の各行ベクトルを k-means クラスタリング ($k = K$) でクラスタリングする．i 行目のベクトルのクラスタ割り当てが c だったとき，与えられた関係データの c 番目のオブジェクトのクラスタ割り当てを $z_i = c$ とする．

2.4.3 酔歩正規化グラフラプラシアンに基づくスペクトラルクラスタリング

次に，シーとマリクによって提案された，異なる正規化グラフラプラシアンに基づくスペクトラルクラスタリング[76] を紹介します．

まず，提案されたグラフラプラシアンは

$$L_{\mathrm{rw}} = D^{-1} L \qquad (2.7)$$

となります．式 (2.6) と比較すると，左側だけから正規化行列を掛けている点が大きな違いです．そのため，このグラフラプラシアンは対称行列にな

りません．このグラフラプラシアン L_{rw} を**酔歩正規化グラフラプラシアン** (**random-walk normalized graph Laplacian**) と呼び，L_{sym} と区別します．L_{sym} と L_{rw} は簡単な変数変換で互いに行き来できます．すなわち，どちらの正規化グラフラプラシアンに基づくクラスタリングも，ノーマライズドカット最小化である点は同じです．

なぜ，これが**酔歩** (**random-walk**) と呼ばれるかというと，以下のような背景があるためです．関係データ行列 X の各辺の重みに従って，グラフの頂点間を酔歩するエージェントを想定します．ある時刻で頂点 i に到達したエージェントは，その頂点 i のもつ辺の重みに従って次の頂点へと移動するものとします．このとき，頂点 i から頂点 j へ移動する確率は $t_{ij} = \frac{w_{ij}}{d_i}$ となることがただちにわかります．この遷移確率を全頂点間で計算すると，以下の遷移確率行列 T を得ます．

$$T = D^{-1} X$$

グラフ G が完全グラフでかつ2部グラフでない場合，この遷移確率行列に基づく酔歩は定常分布をもちます．その定常分布のもとでは，ノーマライズドカットの値は「2つの異なるクラスタ間で遷移する確率」に等しくなることが示されます[53]．すなわち，ノーマライズドカット最小化問題はグラフを複数のクラスタに分割したときに，クラスタ間の遷移確率を最小化する，互いに孤立したコミュニティを与える分割を求めようとしていることに相当します．

酔歩正規化グラフラプラシアン L_{rw} に基づくスペクトラルクラスタリングの擬似コードをアルゴリズム 2.3 に示します．理論上，L_{sym} と L_{rw} が含む情報量は同じはずなので，2つの正規化グラフラプラシアンに基づくスペクトラルクラスタリングは同じクラスタリング結果に至るはずです．しかし実際にはアルゴリズム 2.2 にのみ固有ベクトルのスケーリングが存在するため，これが k-means による最終的なクラスタリング結果に影響を与える可能性があります．

アルゴリズム 2.3 酔歩正規化グラフラプラシアンに基づくスペクトラルクラスタリング[76]

入力: $N \times N$ 対称関係データ行列 $\boldsymbol{X}$, 想定クラスタ数 K.
出力: K 次元空間内のオブジェクト配置行列 $\boldsymbol{V}$, N オブジェクトのクラスタ割り当て $\boldsymbol{Z}$.

1. 式 (2.2) に従って次数行列 $\boldsymbol{D}$ を計算.
2. 式 (2.7) に従ってグラフラプラシアン $\boldsymbol{L}_{\mathrm{rw}}$ を計算.
3. $\boldsymbol{L}_{\mathrm{rw}}$ の固有値分解を計算する. 固有値を昇順に並べ替えたときに, 最初の K 個の固有値に対応する列固有ベクトルを $\boldsymbol{V} = (\boldsymbol{v}_1, \boldsymbol{v}_2, \ldots, \boldsymbol{v}_K) \in \mathbb{R}^{N \times K}$ として取り出す.
4. 行列 $\boldsymbol{V}$ の各行ベクトルを k-means クラスタリング ($k = K$) でクラスタリングする. i 行目のベクトルのクラスタ割り当てが c だったとき, 与えられた関係データの c 番目のオブジェクトのクラスタ割り当てを $z_i = c$ とする.

2.5 実データへの適用例

最後に, 一般に公開され入手可能な実データを用いた実験例を示します. ここでは有名な Zachary's Karate Club network data[94] を用います (図 2.6). このデータは 34 の頂点からなる対称関係データで, 各辺に重みはありません (リンクの有無のみ). 各頂点はある大学の空手クラブのメンバを表しており, リンクの有無は空手クラブ以外での交友の有無に対応しています. この空手クラブはレッスン料の問題から後に 2 つの集団に分裂してしまいます. そこで, この交友関係データを対象としてスペクトラルクラスタリングを行い, 後の分裂を推定できるか試してみます.

各手法によるクラスタリング結果を図 2.7 に示します. 全手法で真のクラスタ数である $K = 2$ と設定しています. 酔歩正規化グラフラプラシアンに基づくスペクトラルクラスタリング (アルゴリズム 2.3) と非正規化グラフラ

2.5 実データへの適用例　41

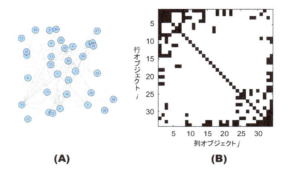

図 2.6 Zachary's Karate Club network data[94]．古くから多くのソーシャルネットワークデータの研究で使用されています．(A) データのグラフ可視化の例．(B) 関係データ行列表現の例．黒は $X=1$（交友がある），白は $X=0$（交友がない）を表します．

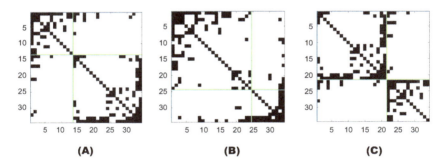

図 2.7 Zachary's Karate Club network data[94] に対して 3 種類のスペクトラルクラスタリングを適用した結果．(A) 非正規化グラフラプラシアンによるスペクトラルクラスタリング．(B) 対称正規化グラフラプラシアンによるスペクトラルクラスタリング．(C) 酔歩正規化グラフラプラシアンによるスペクトラルクラスタリング．

プラシアンに基づくスペクトラルクラスタリング（アルゴリズム 2.1）はまったく同じクラスタリング結果を示しました．クラスタリング結果が現実の分裂結果と一致しなかったオブジェクト（頂点）は $N=34$ 人中 4 人でした．一方，対称正規化グラフラプラシアンに基づくスペクトラルクラスタリング（アルゴリズム 2.2）は 34 人中 7 人のクラスタリング結果が実際の分裂結果と一致しませんでした．クラスタリング精度の指標の 1 つである**修正 Rand**

インデックス (adjusted Rand Index, ARI*5)[23, 65] を計算すると，L_{rw}，L の場合は 0.5725，L_{sym} の場合は 0.3291 となり，このデータでは対称正規化グラフラプラシアンの性能が低くなりました．

2.6 実運用上の留意点と参考文献

本節では，実際に使ううえで注意すべき点や参考文献，スペクトラルクラスタリングの限界などについて議論します．

2.6.1 どのアルゴリズムを選択するか

Karate Club データへの適用実験では真のクラスタリング結果が与えられていたために，スペクトラルクラスタリングによって得られたクラスタリング結果を数値的に評価できました．しかし，一般にはこのようなクラスタの正解情報がない場合にクラスタリングのモデルやパラメータを選定することは困難です．では，未知のデータが与えられた際，どのモデルを使えばよいかについて何か指針はないでしょうか．

フォンラクスバーグの論文[84]では，上記 3 種類のグラフラプラシアンに基づくスペクトラルクラスタリングを比較して，酔歩正規化グラフラプラシアンに基づくアルゴリズム（アルゴリズム 2.3）を推奨しています．その理由としては，まずレシオカット（式 (2.4)）とノーマライズドカット（式 (2.5)）の目的関数の違いがあります．非正規化グラフラプラシアン，すなわちレシオカットはクラスタの大きさでカット関数を除していました．一方ノーマライズドカットに基づく正規化グラフラプラシアンはクラスタの大きさに加えてクラスタ内の結合の密度も考慮した正規化になります．通常スペクトラルクラスタリングで期待する分割行列はコミュニティ，つまり密結合クラスタに対応するものなので，後者のほうがその目的に近いことがわかります．

では，2 つの正規化グラフラプラシアンについて，なぜ L_{sym} ではなく L_{rw} を選ぶのでしょうか．アルゴリズム 2.2 とアルゴリズム 2.3 を見比べると，V のほうは k-means の前に K 本の固有ベクトルの正規化が必要です．この

---

*5 ARI は $[-1, 1]$ の実数をもち，2 つのクラスタリング結果が完全に一致すると最高値 1 を得ます．ARI が 0 のとき，2 つのクラスタリング結果の一致度はチャンスレベル（偶然）程度を意味します．ARI が負（最小値は -1）のときは，2 つのクラスタリング結果は偶然期待される程度の共通点も存在しないということを表します．

正規化の分，対称正規化グラフラプラシアンに基づくスペクトラルクラスタリングは余計に計算コストがかかります．また，正規化によってk-meansクラスタリングの結果が変わってしまう可能性も存在します．

2.6.2 K の設定方法

K，すなわち潜在するクラスタ数の設定については，絶対的に正しい手法は存在しないというのが答えになります．

理想的な状況，すなわち各クラスタで頂点が完全に排他的に分割され，また観測された辺にノイズがいっさいない場合にはグラフラプラシアン L は正確に K 個のゼロ固有値をもつはずです．しかし，通常の関係データではノイズの影響で非ゼロの値をもつ固有値が多数求まります．この場合，最適な K を決定するために

1. 固有値の絶対値に閾値を定める
2. 隣り合う固有値の差に閾値を定める
3. 隣り合う固有値の比に閾値を定める

などの簡便なヒューリスティクスが利用されます．

赤池情報量規準 (Akaike information criterion, AIC) [3]，**ベイズ情報量規準 (Bayes information criterion, BIC)** [74] といったモデル選択規準を用いて K の数を決めるという方法は多くの場面で有効です．ただし，これらの規準は関係データのクラスタリングの定性的なよさと必ずしも一致する保証はないことに注意が必要です．また，これらモデル選択規準を用いる場合には $K = 1, 2, 3, 4, ...$ と順番に実験を繰り返して最もよい評価値を与える K で停止する，という作業が必要になります．そのため，最良の K を見つけるまでの繰り返し実験についての計算コストも無視できません．

次の章では，非対称関係データに対するクラスタリングに対して自動的に K を決定するモデルを紹介します．同モデルは対称関係データにも同様に適用可能ですので，次章の技術を利用するのも手です．

2.6.3 参考文献について

フォンラクスバーグがスペクトラルクラスタリングに関する素晴らしいチュートリアル[84]を書いているので，まずはこのチュートリアルを推薦し

ます[*6]．また，グラフスペクトラル理論についてはエール大学のスピールマンの講義ノート[78]がよいと思います．グラフ理論については元北海道大学准教授の井上純一先生による講義ノート[24]をお勧めします．

正規化したグラフラプラシアンに基づくスペクトラルクラスタリングは2000年代初頭の研究成果です．対称正規化グラフラプラシアンについては[60]を，酔歩正規化グラフラプラシアンについては[76]をそれぞれ参照してください．特に前者は統計的機械学習に基づくパターン認識の考えかたについて勉強するうえでも参考になると思います．

ソフトウェア資産としては，Pythonのscikit-learnモジュール[*7]に組み込み関数として実装されたものが存在します．また著者のGithubにもMAT-LABによる実装コードを公開しています[*8]．

2.6.4 スペクトラルクラスタリングの限界と密結合クラスタリングの現状

スペクトラルクラスタリングは類似度を値にもつ対称関係データ（無向かつ単一ドメイン関係データ）行列が与えられたときに，指定されたKのもとで最小のカットを探す問題に等しいことを説明しました．すなわち，それ以上のことはできないので，これがスペクトラルクラスタリングの限界を規定します．関係データ行列が対称にならない状況，たとえば有向関係データや複数ドメイン関係データに対しては計算が実行できません．また，グラフカットの定義上，発見できるクラスタは密結合クラスタのみとなりますので，疎結合クラスタ，あるいはさらに別の特性をもったクラスタも含めてクラスタリングしたい場合にも適用できません．

スペクトラルクラスタリング自体はほぼ完成したアルゴリズムですが，近年**確率的ブロックモデル (stochastic blockmodel, SBM)** [21, 61] と呼ばれる確率的モデルとの強い類似性が指摘されています[67]．確率的ブロックモデルはここ数年で急速に理論的な解析（クラスタの完全検出条件など）が進んでおり，この成果を受けて関係データからの密結合クラスタリングは凸最適化アプローチなどの新しい技術が開発され続けています[4, 46]．

---

*6 本章の内容も多くの部分はこの論文に依拠しています．
*7 http://scikit-learn.org
*8 https://github.com/k-ishiguro/spectral_clustering

Chapter 3

非対称関係データのクラスタリング技術：確率的ブロックモデルと無限関係モデル

本章では，一般の非対称関係データ全体に適用可能な確率モデルである確率的ブロックモデルとその拡張技術である無限関係モデルを紹介して，非対称関係データのクラスタリングを解決する例を説明します．

3.1 非対称関係データの確率的「ブロック構造」クラスタリング

本節では，スペクトラルクラスタリングの問題点を改めて指摘するとともに，その問題点を解決しうる「潜在的なブロック構造」を仮定するアプローチを紹介します．

3.1.1 スペクトラルクラスタリングへの不満

第2章では知識抽出のための解析技術の第一歩として，スペクトラルクラスタリングを紹介しました．スペクトラルクラスタリングは実装も簡単であり，また安定して動くことからよく利用される有用な技術ですが，一方で制

約もあります．

まず，適用可能な関係データが対称関係データ行列だけである点です．対称関係データ行列しか扱えないということは，たとえば第 1 ドメインが顧客，第 2 ドメインが商品である購買履歴関係データのような 2 部グラフ（複数ドメインデータ）はスペクトラルクラスタリングの対象外になります．また，たとえ単一ドメイン関係データであっても有向関係データは適用範囲外です．近年の統計的機械学習による関係データ解析の研究では主に無向関係で表現可能なネットワークデータ，つまり対称関係データの解析に注目が集まっています[20, 89, 92]．しかし，実際に我々が解析する関係データの中には有向関係データや複数ドメイン関係データも多く存在するため，一般の非対称関係データのための解析手法が必要です．

次に，抽出されるクラスタが密結合クラスタ（コミュニティ）のみである点です．これは，グラフカット最小化の定義上しかたのないことですが，関係データに内在するクラスタがすべて密結合なクラスタであるとは限らないので，疎結合クラスタであっても対処可能な技術が必要となります．

最後に，抽出するクラスタ数 K の設定が難しい点です．これはスペクトラルクラスタリングに限らず一般のクラスタリング技術にいえることですが，特に関係データの場合はクラスタリング結果を見ても人の直観が働きにくい（図 1.8 を参照）ために，人手による評価で K を決定することも容易ではありません．

3.1.2　アプローチ：ブロック構造を仮定した確率モデル

以上の問題点を考慮して，「非対称関係データに対しても適用可能で，かつ密結合クラスタ以外も抽出可能な関係データクラスタリング」を本章の目標とします．

そこで，本章では「潜在的なブロック構造」の存在を仮定する「確率モデルアプローチ」をとります．

まず，潜在的なブロック構造とは何かを説明します．このアプローチでは，関係データ行列の行インデックス i の集合と列インデックス j の集合がそれぞれ少数のクラスタに分割できると考えます．そして，関係データの観測値はこれらのクラスタリングによって規定されるとします．すると図 3.1 にあるように，行と列を適切に並び替えた関係データ行列は市松模様のように分

割されたように見えます．このような分割が存在することを仮定して，逆にこのような行と列の分割を推定するのが潜在的なブロック構造を仮定するアプローチです．この考えかたは，密結合および疎結合クラスタの双方を包含します．密結合クラスタリングは，関係の強い（黒い）ブロックが対角要素に並ぶ場合になります[*1]．疎結合クラスタは逆に対角要素は関係が弱く，非対角要素に関係が強いブロックが並ぶ場合に相当します．

次に，確率モデルアプローチについて説明します．上記の潜在的なブロック構造が存在するものと仮定すると，そのブロック構造の特徴によって，実際に観測される関係データが変化するはずです．そこで，「ある特定のブロック構造をもつと，どのようなデータが観測されるか？」を計算するモデルを何らかの仮説のもとに作成します．確率モデルアプローチでは，このモデルが**確率的 (stochastic)** に振る舞うと考えます．確率的に振る舞うとは，簡単にいうとモデルとそのパラメータを完全に固定しても観測されるデータ（およびモデル内部の変数）にランダム性が包含されるということです[*2]．クラスタリングはデータを抽象化，簡略化して理解する手法なので，どれほどよいモデルであっても，得られる解析結果と真の[*3]モデルとの間には常に乖離が存在します．このとき，確率モデルアプローチのもつランダム性は，想定外の外部要因や上記の乖離の影響を吸収してくれるために特に実世界データの解析時に役に立ちます．

スペクトラルクラスタリングの例では，最小化すべきグラフカット関数がありました．このような関数，評価値を**目的関数 (objective function)** といいます．目的関数の選択によって，具体的なクラスタリングアルゴリズムが変化することは第 2 章で見たとおりです．確率モデルアプローチによる関係データクラスタリングにおいては，まず仮定する確率的ブロック構造モデルを決定します．次に，確率モデルのための目的関数を選択して，それを最大化あるいは最小化する具体的なアルゴリズムを導出します．確率モデル一般に対して最もよいとされる基準は，確率モデルによる類別あるいは識別則の期待損失を目的関数として最小化する[62]立場です．これをベイズ推

[*1] より正確には，行と列のインデックス要素が共通であり，かつ行と列の並べ替えも一致した状態で対角に関係の強いブロックが並ぶ場合です．

[*2] 逆に，モデルとそのパラメータを完全に固定すると観測値の値が確定することを決定的 (deterministic) と呼びます．

[*3] 「神様だけが知っている」とよく表現されます．

定 (Bayesian inference) と呼びます．ベイズ推定に基づく確率モデルの学習ではパラメータなどの**ベイズ事後分布 (Bayesian posterior distribution)** を求めます．本章では関係データクラスタリングのための確率的ブロック構造のモデルとともに，同モデルのベイズ推定の計算過程を説明します*4．

3.1.3 本章の対象：確率的ブロックモデルと無限関係モデル

本章では，確率的アプローチに基づく非対称関係データのクラスタリング技術として，最初に**確率的ブロックモデル (stochasitc blockmodel, SBM)** [61] を紹介します．確率的ブロックモデルはブロック構造に基づく関係データクラスタリングのための最も基本的な手法になります．簡単にいうと行と列のブロック番号の組み合わせによって，そのブロック内での関係データの値の分布が変わる，というモデルになります．

確率的ブロックモデルはブロック構造を仮定する確率的クラスタリングを実現可能ですが，クラスタ数 K についてはスペクトラルクラスタリングと同じく事前に設定する必要があります．そこで，確率的ブロックモデルの導入に続いて，同モデルの拡張手法である**無限関係モデル (infinite relational model, IRM)** を紹介します．無限関係モデルはノンパラメトリックベイズ **(Bayesian nonparametrics)** と呼ばれる技術を用いており，理論上任意数（可算無限個）のクラスタを内包することが可能です．実際のデータは有限サイズなのでクラスタ数は必ず有限になりますが，適切な推論を行うことで事前に K の値を設定することなく，自動的に適切と思われるクラスタ数 K を見出してくれます．

たとえば，図 3.1(A) にあるような関係データ行列を考えます．ここでは簡単のため，関係の値は 1（黒）あるいは 0（白）の 2 値データとしています．たとえば 1 が入るエントリは対応する行と列のオブジェクトの関係が強い，0 は関係が弱いなどと考えてください．このデータは行方向，列方向にそれぞれ 4 クラスタが存在すると仮定して生成されています．これを真のクラスタ数を知らない状態で，実際に無限関係モデルで解析した結果が図 **3.1**(B)

---

*4 ベイズ事後分布を正確に求めることが困難な場合は，たとえば尤度最大化のアプローチを利用することができます．「観測データとまったく同じものが都合よくサンプリングされる確率」を目的関数として，これを最大にするようなパラメータなどを求めます．

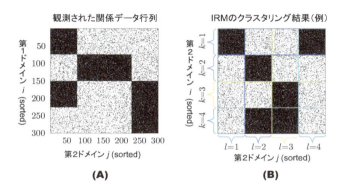

図 3.1 無限関係データの簡単な実践例．(A) 対象とするデータ．ここではわかりやすくするために行（列）のオブジェクトインデックスを入れ替えて表示しています．行，列ともに 4 クラスタに分割されています．黒=関係あり (1)，白=関係なし (0)．(B) 無限関係モデルによるクラスタリング結果の例．(A) と同様にオブジェクトインデックスはソートされています．行（列）を分割する線分がクラスタの区切りです．クラスタ（分割）の順番は入れ替わっていますが，正しい構造を復元できています．

です．クラスタのインデックスは入れ替わっていますが，正しくもとの関係クラスタ構造を復元できていることがわかります．

3.2 確率的生成モデル

確率的ブロックモデル，無限関係モデルは確率モデルの中でも **確率的生成モデル (probabilistic generative model)** と呼ばれるモデルの一種です．そこで，まず確率的生成モデルとは何か，そしてその推論について説明します．

3.2.1 確率的生成モデルとは

確率的生成モデルは，系を構成する各変数の値が依存関係に従って順番に生成される過程を確率で表現するモデルです．モデル内の各変数の値の決定（生成）は，指定された確率分布からの **サンプリング (sampling)** で実現されます．すなわち，ある変数の値を決めるためにサンプリングすると，1 回目のサンプリングと 2 回目のサンプリングでは違う値をとる可能性がありま

す．したがって，確率的生成モデル内の各変数について，単一の「真の値」の存在を考えるよりも，「値は大体こういう範囲に散らばっているだろう」という**確率分布 (probabilistic distribution)** を重視します．

単純な例として，サイコロを100回振って出た目を記録したデータを考えます（図3.2）．この場合，興味ある変数は1回1回のサイコロの目です．サイコロの目の出かたは，主にはサイコロの形状に影響されると考えられます[*5]．たとえば，正しく立方体になっているサイコロならば各目がおおよそ均等に出るでしょうし，いびつなサイコロだった場合には目の出かたに偏りが出るはずです．すなわち，サイコロの形がパラメータとなってランダムなサイコロの出目が分布することになります．したがって，サイコロの目の確率的生成過程は，100回サイコロを振る（変数をサンプリング）すると，1回ごとにサイコロの形状（あるパラメータで規定される確率分布）に従ってランダムに目の値が決まる（変数の観測値が生成される）と記述できます．

サイコロの目の生成過程を数式で表現すると次のようになります．まず，モデルを構成する要素は，サイコロの各目の出やすさを表すパラメータ $\boldsymbol{\pi}$ と全100回のサイコロの目の観測値 $\boldsymbol{X} = \{x_1, x_2, \ldots, x_{100}\}$ の2つです．パラメータ $\boldsymbol{\pi} = (\pi_1, \pi_2, \ldots, \pi_d, \ldots, \pi_D)$ は面数 D（通常6）を次元数とする非負値実数ベクトルです．d 番目の要素 π_d は，1度サイコロを振ったときに目 d が出る確率を表しており，$\sum_d \pi_d = 1$ です．各 $i \in \{1, 2, \ldots, 100\}$ 回目のサンプリング（サイコロを振る）のとき，その目 x_i は $\{1, 2, \ldots, D\}$ のうちどれか1つの値をとります．また，毎回，サイコロを振った結果は相互に独立であり，またサイコロの形状が変化しないのでどの i に対しても各値 d をとる確率は π_d となります．このことを**独立かつ同一に分布 (independent and identically distributed, i.i.d.)** と呼びます．以上の内容は次のように記述します．

$$x_i \mid \boldsymbol{\pi} \sim P(\boldsymbol{\pi}), i = 1, 2, \ldots, 100 \tag{3.1}$$

式 (3.1) は $\boldsymbol{\pi}$ で規定される確率 P に従って各 i 回目のサイコロ試行の目の値 x_i が生成されることを表しています．今はサイコロの各目が出る確率が $\boldsymbol{\pi}$ の各次元の値として直接与えられていましたが，たとえばその分布が

[*5] 正確にいえば投げかたも影響するかもしれませんが．

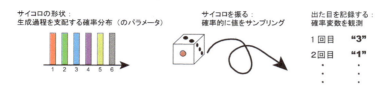

図 3.2 サイコロの目という確率変数の生成過程．サイコロを振ると，与えられたサイコロの形状をパラメータとして定義される「目の出やすさ」の確率分布に従って一様かつ独立にランダムな目が観測されます．これがサイコロの目の生成プロセスになります．

正規分布 (**normal distribution**) や離散分布 (**discrete distribution**) などに代表されるパラメトリックな確率分布の場合は，式 (3.1) の右辺は $\mathrm{Normal}(\cdot\,; \boldsymbol{m}, \boldsymbol{\Sigma})$, $\mathrm{Discrete}(\cdot\,; \boldsymbol{\theta})$ というように確率分布の名称とそのパラメータで記述します．式 (3.1) の記述が，サイコロの目の生成過程の数式モデル化，つまり確率的生成モデルとなります．

確率的生成モデルを用いる 1 つの利点は，確率分布の形状やパラメータがすべて定まれば実際に変数の値を「生成」することができる点です．つまり計算機を用いて系の振る舞いを予測，シミュレートすることが可能です．もう 1 つは事前知識をモデルにとり入れることが容易である点です．つまり，ある変数の振る舞いについての事前に知識がある場合には，その振る舞いを直接確率分布の形状や種類として反映させることで，より正確なモデル化が可能です．

3.2.2　確率モデルのベイズ推定

統計的機械学習の文脈で確率的生成モデルを使う場合，真のパラメータや確率分布の形状は未知であり，多くの観測データから確率分布の形状やパラメータの値を推定する（変数の確率分布のより正確な情報を導き出す）ことが主な興味の対象となります．このことを**推論** (**inference**) と呼びます．高精度の推論が実現できれば生成過程に従って系の振る舞いを正確に予測できます．また，推論で得られたパラメータは，与えられた観測データの振る舞いや性質を抽象化するという意味で知識発見の役にも立ちます．

すでに説明したように，変数はランダム性を内包した確率分布で考えるため，推論結果も確率分布で表現します．特にベイズ推定では，ベイズ的識別

の意味で最適な推論結果を与えるベイズ事後分布（あるいは短く**事後分布** (**posterior distribution**)）を求めることが目標になります．事後分布という呼びかたは，事前に与えられた確率モデル（これを**事前分布** (**prior distribution**) と呼びます）を観測データを受け取った「後」で修正した分布であるということを意味しています．ベイズの定理によれば，観測データ X を受け取った後の隠れ変数の集合 Z およびパラメータの集合 $\{\theta\}$ の事後分布 $p(Z, \{\theta\} \mid X)$ は以下の式 (3.2) で定義されます．$\propto$ は比例を表します．

$$p(Z, \{\theta\} \mid X) \propto p(X \mid Z, \{\theta\}) p(Z, \{\theta\}) \tag{3.2}$$

ここで $p(Z, \{\theta\})$ は事前分布です．確率的生成モデルの場合は観測量以外の生成モデルの数式に対応します．$p(X \mid Z, \{\theta\})$ は**尤度** (**likelihood**) と呼ばれます．生成モデルでいうと観測量を生成する数式部分です．

ただし，本章の関係データクラスタリングを含めて最終的に欲しいものが隠れ変数（のいずれか）のみという場合もあります．そのような場合には，パラメータ $\{\theta\}$ に基づく分布の不確定さをすべて織り込んで**周辺化** (**marginalization**) した事後分布（式 (3.3)）を求めます．

$$p(Z \mid X) \propto \int p(X \mid Z, \{\theta\}) p(Z, \{\theta\}) \mathrm{d}\{\theta\} \tag{3.3}$$

ある変数のとりうる値とその発生確率をすべて計算しつくすことで，「その変数の値がどのような値をとるか？その値によって全体の分布がどのように変化するか？」という影響を織り込みずみのものとして，数式の上では同変数を消去します．

残念ながら，一般に上記のような事後分布を正確に解析的に求めることは不可能です．そこで，事後分布の計算では何らかの近似計算方法を用います．本章ではそのうちの 1 つである，**マルコフ連鎖モンテカルロ** (**Markov chain Monte Carlo**) 法の一種を用いて確率的ブロックモデルと無限関係モデルの推論を実現します．

3.3 確率的ブロックモデル (stochastic blockmodel, SBM)

本節では，最初に非対称関係データにも適用可能なクラスタリング法のベースラインである確率的ブロックモデル (SBM) の基本的なアイデアと定

式化を説明します．その後，ベイズ推定に基づく具体的な推論アルゴリズムを説明します．

3.3.1 SBM の概要

SBM は関係データ行列が潜在的なブロック構造をもつことを仮定してデータ生成過程を構成する確率的生成モデルの 1 つで，その特徴は，各ドメインの「クラスタ間」で関係の強さを定義する点です（図 3.3）．

関係データ行列は行に N_1 個，列に N_2 個のオブジェクト（インデックス）が並ぶので関係の要素数としては最大 $N_1 \times N_2$ 個のエントリが観測されます．SBM では，この $N_1 \times N_2$ 個の関係の観測値を行 K 個と列 L 個のクラスタの間の関係の強さへ抽象化したモデルを考えます．

たとえば図 3.3(B) において，赤い線とオレンジの線で区切られた左上のブロックは多くのエントリが黒（関係あり）となっている一方で，その右となりのブロック（オレンジ，赤，水色の線で区切られたブロック）はすべてのエントリが白（関係なし）となっています．これを抽象化すると，たとえば図 3.3(C) のように，行のクラスタ $k=1$ と列のクラスタ $l=1$ の交わるブロック $(k,l)=(1,1)$ は黒く，隣の $(k,l)=(1,2)$ は白く表示することがで

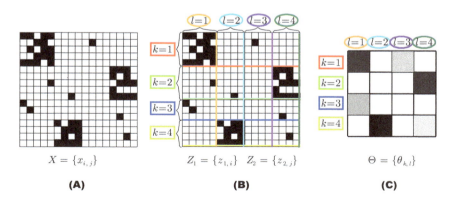

図 3.3 確率的ブロックモデル (および無限関係モデル) の仮定するブロック構造．(A) 観測された関係データ行列 (見やすさのためソートずみ)．(B) 行と列にそれぞれ K, L 個のクラスタが潜在していると仮定．クラスタによる分割で行列全体をブロックとして見ます．(C) 少数のクラスタ同士の関係強さパラメータで，関係データ行列全体を表現します．

きます.

このように,「個々のオブジェクト間の関係の集合 ($N_1 \times N_2$ 個) が行と列のクラスタ間の関係の強さ ($K \times L$) で精度よく近似できる」というのが,SBM の仮説です. 第 1 ドメインで k 番目のクラスタに所属するオブジェクトと第 2 ドメインで l 番目のクラスタに所属するオブジェクトの間の関係データを制御するパラメータを $\theta_{k,l}$ とします. この $\theta_{k,l}$ は各 (k, l) ごとに個別に定義できますので, 密結合と疎結合のどちらのクラスタ構造も, またクラスタ間の関係の非対称性も任意にデザインできます.

3.3.2 SBM の定式化

SBM は, ある特定の確率的生成モデルを仮定することによって, 図 3.3(B) にあるような行および列それぞれの分割（クラスタリング）Z と, クラスタ同士の関係の強さを表現するパラメータ $\{\theta_{k,l}\}$（図 3.3(C)）をモデル化します.

今, 観測される関係データを $\{1,0\}$ の 2 値関係, すなわち $X = \{x_{i,j}\}$, $x_{i,j} \in \{1,0\}$ とします. ここで, $i = 1, \ldots, N_1$ を第 1 ドメイン（関係データ行列の行）のインデックス, $j = 1, \ldots, N_2$ を第 2 ドメイン（関係データ行列の列）のインデックス, $k = 1, \ldots, K$ を第 1 ドメイン内のクラスタのインデックス, $l = 1, \ldots, L$ を第 2 ドメイン内のクラスタのインデックスとします. このとき SBM の確率的生成モデルは

$$\boldsymbol{\pi}_1 \mid \boldsymbol{\alpha_1} \sim \text{Dirichlet}(\boldsymbol{\alpha_1}) \tag{3.4}$$

$$\boldsymbol{\pi}_2 \mid \boldsymbol{\alpha_2} \sim \text{Dirichlet}(\boldsymbol{\alpha_2}) \tag{3.5}$$

$$z_{1,i} = k \mid \boldsymbol{\pi}_1 \sim \text{Discrete}(\boldsymbol{\pi}_1) \tag{3.6}$$

$$z_{2,j} = l \mid \boldsymbol{\pi}_2 \sim \text{Discrete}(\boldsymbol{\pi}_2) \tag{3.7}$$

$$\theta_{k,l} \mid a_0, b_0 \sim \text{Beta}(a_0, b_0) \tag{3.8}$$

$$x_{i,j} \mid \{\theta_{k,l}\}, z_{1,i}, z_{2,j} \sim \text{Bernoulli}(\theta_{z_{1,i}, z_{2,j}}) \tag{3.9}$$

となります.

まず, 式 (3.4), (3.5) はそれぞれ第 1 ドメインおよび第 2 ドメインに潜在するオブジェクトのクラスタの混合割合パラメータです. $\boldsymbol{\alpha}_1, \boldsymbol{\alpha}_2$ はそれぞれ K 次元, L 次元ベクトルで, SBM のハイパーパラメータ（入力時に与

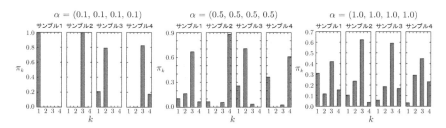

図 3.4 ディリクレ分布 ($K = 4$) の例.

える必要がある定数) です. 右辺の Dirichlet は**ディリクレ分布 (Dirichlet distribution)** を表します. ディリクレ分布とは K 次元のベクトル $\boldsymbol{\alpha} = (\alpha_1, \alpha_2, \ldots, \alpha_K)$ をパラメータとする K 次元のベクトルの確率分布で, 簡単にいうと K 面のサイコロをランダムに生成する確率分布です (図 3.4). 出力されるベクトルを $\boldsymbol{\pi} = \{\pi_1, \pi_2, \ldots, \pi_K\}$ とすると $\pi_k > 0$, $\sum_{k=1}^{K} \pi_k = 1$ という性質があります. 具体的な確率分布は以下のようになります.

$$\text{Dirichlet}(\boldsymbol{\pi}; \boldsymbol{\alpha}) = \frac{\Gamma\left(\sum_{k=1}^{K} \alpha_k\right)}{\prod_{k=1}^{K} \Gamma(\alpha_k)} \prod_{k=1}^{K} \pi_k^{\alpha_k - 1} \tag{3.10}$$

ここで $\Gamma(\cdot)$ は**ガンマ関数 (Gamma function)** です.

式 (3.6), (3.7) では, この K 面あるいは L 面のサイコロ (各ドメインのクラスタの混合割合) に従って, 各ドメインのオブジェクトのクラスタ割り当てをサンプリングしています. 右辺の Discrete は離散分布を表します. 離散分布は, K 次元の「サイコロ」ベクトルをパラメータとして, 1 から K のうちいずれかの値を 1 つ生成します. 値を選ぶ確率はベクトルの各次元の値の大きさに比例します. 離散分布は具体的には以下のような確率分布です.

$$\text{Discrete}(z; \boldsymbol{\pi}) = \prod_{k=1}^{K} \pi_k^{\mathbb{I}(z=k)}$$

$\mathbb{I}(\cdot)$ は, カッコ内の条件が成立するときには 1, 成立しないときには 0 を返す関数を表します. 第 1 ドメインのオブジェクト i は K 次元ベクトル $\boldsymbol{\pi}_1$ が

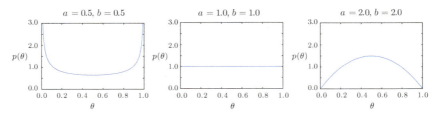

図 3.5 ベータ分布の例.

パラメータなので K 個の第 1 ドメインのクラスタのいずれかに割り当てられます．その k 番目のクラスタに所属することを $z_{1,i} = k$ で表現します．同様に，第 2 ドメインのオブジェクト j は L 個のクラスタの中から l 番目のクラスタに割り当てることを $z_{2,j} = l$ で表現します．クラスタの割り当ては，図 3.3(B) における色分けに相当します．適切なクラスタ割り当て（色分け）をサンプリングした状態で行と列の適切な並べ替えを行うと，図 3.3(B) のようなブロック構造が可視化できるというのが，SBM の仮説になります．

式 (3.8) は，クラスタ間の関係の強さを定義するパラメータ θ の生成過程です．今回は 2 値の関係データを想定していることから，後の計算の容易さのためにベータ分布 (**Beta distribution**) を仮定します．ベータ分布は 0 から 1 の間の実数 θ に対する確率分布です（図 3.5）．その確率分布は

$$\mathrm{Beta}\left(\theta;a,b\right) = \frac{\Gamma\left(a+b\right)}{\Gamma\left(a\right)\Gamma\left(b\right)}\theta^{a-1}\left(1-\theta\right)^{b-1}$$

となります．各 (k, l) に対して生成モデルの式に従ったサンプリングを行うことで，図 3.3(C) のように全体のネットワークを要約したクラスタ間の関係強さのパラメータを得ることができます．

最後に，クラスタの割り当てを表す隠れ変数 z，およびクラスタ間の関係の強さを表現するパラメータ θ を用いて，観測値である関係データ行列 $\boldsymbol{X} = \{0, 1\}^{N_1 \times N_2}$ の各エントリを生成する確率分布を規定します．式 (3.9) はベルヌーイ分布 (**Bernoulli distribution**) を観測値の確率分布として採用しています．ベルヌーイ分布は簡単にいうとコイン投げの確率モデルで，確率 θ で値 $x = 1$（表），確率 $1 - \theta$ で値 $x = 0$（裏）を生成します．

$$\mathrm{Bernoulli}\left(x \in \{1, 0\} \mid \theta\right) = \theta^x \left(1 - \theta\right)^{(1-x)}$$

以上でSBMモデルのすべての確率変数の生成過程が定義できました.

では，このモデルで関係データをモデリングする価値（ありがたみ）は何でしょうか．

まず，関係データの生成がクラスタごとの関係 θ に抽象化されています．したがって，与えられた関係データをクラスタごとの関係としてより簡潔に理解することができます．$N_1 = N_2 = 1{,}000$ のようなデータであったとしても，内在するクラスタ数がたとえば $K = 3, L = 4$ ならばわずか $3 \times 4 = 12$ 個の強さパラメータで $1{,}000 \times 1{,}000 = 1{,}000{,}000$ 個の行列データ全体を俯瞰することができます．そして，すべての変数が確率的にモデル化されているために，実関係データで観測されるノイズやゆらぎも自然に表現することができます．これは，実際の関係データに不可避のノイズやモデルに完全には従わない要素の存在を考えるとロバストネスの観点で重要となります．

このようにして，SBMモデルによって一般の非対称関係データ行列に対応可能な関係データクラスタリングが実施可能となります．

3.3.3 SBM の推論

SBMによる解析のためには，実装が必要です．そして，実装するのは上記生成モデルから導出される変数の推論アルゴリズムとなります．本節ではベイズ推定に基づくSBMの推論アルゴリズムとして周辺化ギブスサンプラーによる推論方法を具体的に導出します．

A) 周辺化ギブスサンプラー (CGS)

周辺化ギブスサンプラー (collapsed Gibbs sampler, CGS) [*6] とは，確率モデルの事後分布近似推論法の1つである**マルコフ連鎖モンテカルロ (Markov chain Monte Carlo, MCMC)** 法の一種です．MCMCは，事後分布から生成されたとみなせる確率変数のサンプリングを多数行い，そのサンプルの経験分布をもって事後分布の近似を行う手法です．適切に設計されたMCMCならば無限回のサンプリングの結果が真の事後分布に収束することが保証されます．CGSはMCMCの一種で，実装が簡易なこともあって多くの場面で利用される推論アルゴリズムです．

確率モデルは，式 (3.2) にもあるように，一般には隠れ変数 $Z = \{z_i\}, i =$

[*6] この手法の日本語訳名は完全には定まっておらず，崩壊型ギブスサンプラーと呼ぶこともあります．

$1,\ldots,N$, パラメータの集合 $\{\theta\}$, および観測データ $\boldsymbol{X}$ から構成されます. ベイズ推定の目的は隠れ変数とパラメータの事後分布を計算することですが, 関係データクラスタリングの場合のように, 必要なのは隠れ変数の事後分布だけという場合がしばしばあります. そこで, 式 (3.3) にあるようにパラメータは周辺化しておき, $\boldsymbol{Z}$ だけに着目して推論を実施するのが CGS です.

CGS では, すべての隠れ変数の値を繰り返しサンプリングします. そして 1 回のサンプリングでは, 1 度にすべての隠れ変数の事後分布サンプリングを行うのではなく, ある 1 つの変数だけのサンプリングを順番に行います. たとえば s 回目の z_i の事後分布サンプリングでは, それ以外の変数はすべて既知のものとした分布を計算してサンプルを生成します. 数式で表現すると以下のようになります.

$$\begin{aligned}z_i^{(s)} &\sim p\left(z_i \mid \boldsymbol{X}, \boldsymbol{Z}^{\backslash (i)}\right) \\ &\propto \int p\left(\boldsymbol{X}^{(i)} \mid \boldsymbol{X}^{\backslash (i)}, z_i, \boldsymbol{Z}^{\backslash (i)}, \{\theta\}\right) p\left(z_i, \{\theta\} \mid \boldsymbol{X}^{\backslash (i)}, \boldsymbol{Z}^{\backslash (i)}\right) \mathrm{d}\{\theta\}\end{aligned} \tag{3.11}$$

ここで $\boldsymbol{X}^{(i)}$ は全観測量のうち z_i に依存する観測量の集合を表します. $\backslash$ を集合の引き算とすると $\boldsymbol{X}^{\backslash (i)} = \boldsymbol{X} \backslash \boldsymbol{X}^{(i)}$, $\boldsymbol{Z}^{\backslash (i)} = \boldsymbol{Z} \backslash z_i$ をそれぞれ表します. $z_i^{(s)}$ は s 回めの事後分布のサンプリング結果を表します. 続いてほかの変数, たとえば $z_j (j \neq i)$ のサンプリングに移る前に, 今回のサンプリング結果を保存して「既知の値」とします. つまり,

$$z_i \leftarrow z_i^{(s)}$$

として, 上記の式 (3.11) を j について計算します. このようにしてすべての z_i について, $s = 1, 2, \ldots, S$ まで S 回のサンプリングを行います. この S 回のサンプリング結果をもとにして事後分布の推定値を計算します. 結論として, CGS では式 (3.11) のような形式のサンプリング用事後分布を導出して, そこからのサンプリングを実装できればよいということになります.

この CGS は常に実現可能というわけではありません. 上記の積分が解析的に計算できること, 具体的には, パラメータと隠れ変数の確率分布が **共役 (conjugate)** の関係にあることが前提となります. SBM (および無限関係モデル) は幸い CGS を構成可能なモデルですので, 本節ではそれらを説明

します．

B) CGS による SBM の推論式の導出

それでは具体的に SBM（式 (3.4)〜(3.9)）の CGS 計算式を導出します．

SBM は関係データクラスタリングのためのモデルですので，究極的に求めたいものは Z_1, Z_2 になります[*7]．したがって，CGS を用いて SBM のクラスタ割り当て隠れ変数 $Z = \{Z_1, Z_2\}$ についてのみ推論を行います．CGS の事後分布サンプリングは，

i 番目の隠れ変数のクラスタ割り当てを一時解除し，ほかの隠れ変数のクラスタ割り当て，クラスタの混合パラメータ π，クラスタ間の関係強さパラメータを考慮して（事後分布の計算），改めてクラスタ割り当てを設定する（サンプリング）

というプロセスになります．

どのようなモデルであっても，CGS のサンプリング事後分布の導出の手続きは式 (3.11) の各項に想定した生成モデルを代入するだけです．SBM の場合，推論（サンプリング）式の構造は第 1 ドメイン，第 2 ドメインで対称になるので，ここでは第 1 ドメインの第 i 番目のオブジェクトのクラスタ割り当て $z_{1,i}$ に対する計算式を導出します．

まず，式 (3.11) における $X^{(i)}, X^{\setminus (i)}, Z^{\setminus (i)}$ およびパラメータ集合 $\{\theta\}$ に対応する変数を考えます．今注目するのは第 1 ドメインの第 i 番目のオブジェクトのクラスタ割り当てです．したがって，これに関連する観測関係データは，関係データ行列 X の第 i 行目 $X^{(i)} = \{x_{i,1:N_2}\}$ となります．すると，$X^{\setminus (i)}$ は関係データ行列の i 行目以外の全エントリ $\{x_{i' \neq i, 1:N_2}\}$ に対応します．次に隠れ変数ですが，SBM では Z_1, Z_2 の 2 つの隠れ変数が存在します．そのうち $z_{1,i}$ が含まれるのは Z_1 ですので，$Z_1 = \{z_{1,i}, Z_1^{\setminus i}\}$ のように分離します．すると $Z^{\setminus (i)}$ に対応するのは $\{Z_1^{\setminus (i)}, Z_2\}$ となります．最後にパラメータ集合ですが，これは各ドメインのクラスタ混合パラメータ π_1, π_2 とすべてのクラスタ間の関係強さパラメータ $\{\theta_{k,l}\}, k = 1, 2, \ldots, K, l = 1, 2, \ldots, L$ が対象となります．

[*7] パラメータ $\pi_1, \pi_2, \theta_{k,l}$ の事後分布は式 (3.21), (3.23) それぞれの右辺の十分統計量を，ハットつきのものからハットのついてないものに変更するだけです．

以上を定義したうえで，まずは CGS の定義式どおりに変数を配置します.

$$p\left(z_{1,i}=k \mid \boldsymbol{X}, \boldsymbol{Z}_1^{\setminus(i)}, \boldsymbol{Z}_2\right)$$

$$\propto \int \overbrace{p\left(\boldsymbol{X}^{(i)} \mid \boldsymbol{X}^{\setminus(i)}, z_{1,i}=k, \boldsymbol{Z}_1^{\setminus(i)}, \boldsymbol{Z}_2, \boldsymbol{\pi}_1, \boldsymbol{\pi}_2, \{\theta_{k,l}\}\right)}^{(A)}$$

$$\underbrace{\phantom{\int p\left(\boldsymbol{X}^{(i)} \mid \boldsymbol{X}^{\setminus(i)}, z_{1,i}=k, \boldsymbol{Z}_1^{\setminus(i)}, \boldsymbol{Z}_2, \boldsymbol{\pi}_1, \boldsymbol{\pi}_2, \{\theta_{k,l}\}\right)}}_{(B)}$$

$$\cdot p\left(z_{1,i}=k, \boldsymbol{\pi}_1, \boldsymbol{\pi}_2, \{\theta_{k,l}\} \mid \boldsymbol{X}^{\setminus(i)}, \boldsymbol{Z}_1^{\setminus(i)}, \boldsymbol{Z}_2\right) \mathrm{d}\boldsymbol{\pi}_1 \mathrm{d}\boldsymbol{\pi}_2 \mathrm{d}\{\theta_{k,l}\} \quad (3.12)$$

積分内の各項を順番に整理していきます．まず式 (3.12) の右辺積分内 (A) の部分ですが，これは $z_{1,i}$ に依存する関係データ行列の要素に対する尤度を評価しています．具体的に書き下すと，式 (3.9) より $\boldsymbol{X}^{\setminus(i)}, \boldsymbol{Z}_1^{\setminus(i)}, \boldsymbol{\pi}_1, \boldsymbol{\pi}_2$ は依存関係から外せることがわかります．

$$p\left(\boldsymbol{X}^{(i)} \mid \boldsymbol{X}^{\setminus(i)}, z_{1,i}=k, \boldsymbol{Z}_1^{\setminus(i)}, \boldsymbol{Z}_2, \boldsymbol{\pi}_1, \boldsymbol{\pi}_2, \{\theta_{k,l}\}\right)$$
$$= \prod_{j=1}^{N_2} p\left(x_{i,j} \mid z_{1,i}=k, z_{2,j}, \{\theta_{k,l}\}\right) = \prod_{j=1}^{N_2} p\left(x_{i,j} \mid \theta_{k,z_{2,j}}\right)$$
$$= \prod_{l=1}^{L} \prod_{j=1}^{N_2} [p\left(x_{i,j} \mid \theta_{k,l}\right)]^{\mathbb{I}(z_{2,j}=l)}$$

次に，式 (3.12) 右辺積分内 (B) の部分です．これは $z_{1,i}$ およびパラメータの「$z_{1,i}$ 以外の情報が所与のときの」事後分布になります[*8]．この部分も同様に生成モデルの依存関係を考えて変数を除去していくと

$$p\left(z_{1,i}=k, \boldsymbol{\pi}_1, \boldsymbol{\pi}_2, \{\theta_{k,l}\} \mid \boldsymbol{X}^{\setminus(i)}, \boldsymbol{Z}_1^{\setminus(i)}, \boldsymbol{Z}_2\right)$$
$$\propto p(z_{1,i}=k \mid \boldsymbol{\pi}_1) p\left(\boldsymbol{\pi}_1 \mid \boldsymbol{Z}_1^{\setminus(i)}\right) \prod_{l=1}^{L} p\left(\theta_{k,l} \mid \boldsymbol{X}^{\setminus(i)}, \boldsymbol{Z}_1^{\setminus(i)}, \boldsymbol{Z}_2\right)$$

を得ます．上式の右辺 $p\left(\boldsymbol{\pi}_1 \mid \boldsymbol{Z}_1^{\setminus(i)}\right)$ は第 1 ドメインのほかのオブジェクトのクラスタ割り当てが与えられたもとでのクラスタ混合割合 $\boldsymbol{\pi}_1$ に関する分布です．総乗記号の後ろは $z_{1,i}$ に関連する情報をすべて除いた場合のクラス

[*8] 積分内 (A) の部分を尤度とみると事前分布とも解釈されます．

3.3 確率的ブロックモデル (stochastic blockmodel, SBM)

タ関係強さパラメータの事後分布になります．

以上を 1 度整理すると

$$p\left(z_{1,i} = k \mid \boldsymbol{X}, \boldsymbol{Z}_1^{\backslash(i)}, \boldsymbol{Z}_2\right)$$
$$\propto \int p\left(z_{1,i} = k \mid \boldsymbol{\pi}_1\right) p\left(\boldsymbol{\pi}_1 \mid \boldsymbol{Z}_1^{\backslash(i)}\right) \mathrm{d}\boldsymbol{\pi}_1$$
$$\cdot \int \prod_{l=1}^{L} \prod_{j=1}^{N_2} \left[p\left(x_{i,j} \mid \theta_{k,l}\right)\right]^{\mathbb{I}(z_{2,j}=l)} p\left(\theta_{k,l} \mid \boldsymbol{X}^{\backslash(i)}, \boldsymbol{Z}_1^{\backslash(i)}, \boldsymbol{Z}_2\right) \mathrm{d}\theta_{k,l} \quad (3.13)$$

を得ます．式 (3.13) の右辺の最初の積分でクラスタ混合割合パラメータ $\boldsymbol{\pi}_1$ を周辺化したときのクラスタ割り当て $z_{1,i}$ の確率を，右辺の 2 つ目の積分では第 2 ドメインのクラスタ l ごとに，クラスタ間の関係強さパラメータ $\theta_{k,l}$ を周辺化したときの観測データの尤度の影響を計算しています．あとは，生成モデルに従って具体的に各項の計算を実施します．

C) 十分統計量の定義と具体的な更新式

先に天下り式に明かしてしまうと，CGS のサンプリング操作は割り当て $z_{1,i}$ に伴う十分統計量の更新操作に帰着します[*9]．つまり，プログラム上は $z_{1,i}$ をサンプリングするために十分統計量を足したり引いたりするだけになります．

先の議論の表記を簡潔にするため，ここで SBM の第 1 ドメインの隠れ変数の更新に必要な十分統計量を定義します．

$$m_{1,k} = \sum_{i=1}^{N_1} \mathbb{I}(z_{1,i} = k) \quad (3.14)$$

$$n_{k,l}^{(+)} = \sum_{i=1}^{N_1} \sum_{j=1}^{N_2} x_{i,j} \mathbb{I}(z_{1,i} = k) \mathbb{I}(z_{2,j} = l) \quad (3.15)$$

$$n_{k,l}^{(-)} = \sum_{i=1}^{N_1} \sum_{j=1}^{N_2} (1 - x_{i,j}) \mathbb{I}(z_{1,i} = k) \mathbb{I}(z_{2,j} = l) \quad (3.16)$$

各項について k, l は $k = 1, 2, \ldots, K, l = 1, 2, \ldots, L$ の範囲を考えます．式

[*9] これは SBM が指数分布族でのみ記述されていることが影響していますが，これについての詳細な説明は割愛します．

(3.14) は第 1 ドメインであるクラスタ k に所属しているオブジェクトの数になります．式 (3.15) および (3.16) は，k 番目の第 1 ドメインクラスタと l 番目の第 2 ドメインクラスタで定義される関係データ行列のブロック (k,l) において $x = 1(0)$ となる関係データ要素の数を表しています．

$z_{1,i}$ をサンプリングする際には，$z_{1,i}$ はクラスタの割り当てを解除して未知量として扱います．実際の $z_{1,i}$ のサンプリング時には以下の量を利用します．

$$\hat{m}_{1,k} = \sum_{i' \neq i, i'=1}^{N_1} \mathbb{I}(z_{1,i'} = k) = m_{1,k} - \mathbb{I}(z_{1,i} = k) \tag{3.17}$$

$$\hat{n}_{k,l}^+ = \sum_{i' \neq i, i'=1}^{N_1} \sum_{j=1}^{N_2} x_{i',j} \mathbb{I}(z_{1,i'} = k) \mathbb{I}(z_{2,j} = l)$$

$$= n_{k,l}^{(+)} - \mathbb{I}(z_{1,i} = k) \sum_{j=1}^{N_2} x_{i,j} \mathbb{I}(z_{2,j} = l) \tag{3.18}$$

$$\hat{n}_{k,l}^- = \sum_{i' \neq i, i'=1}^{N_1} \sum_{j=1}^{N_2} (1 - x_{i',j}) \mathbb{I}(z_{1,i'} = k) \mathbb{I}(z_{2,j} = l)$$

$$= n_{k,l}^{(-)} - \mathbb{I}(z_{1,i} = k) \sum_{j=1}^{N_2} (1 - x_{i,j}) \mathbb{I}(z_{2,j} = l) \tag{3.19}$$

上記式 (3.17)〜(3.19) の 1 つ抜きの十分統計量を使って $z_{1,i}$ をサンプリング，その結果にしたがって本来の十分統計量（式 (3.14)〜(3.16)）を更新します．

それでは具体的に推論式を計算していきます．最初に式 (3.13) の右辺の最初の積分を計算します．同積分の内側は，生成モデル（式 (3.6)）で定義されたとおりの離散分布 $\text{Discrete}(z_{1,i}; \boldsymbol{\pi}_1)$ と，第 1 ドメイン i 番目以外のオブジェクトのクラスタ割り当てが与えられたときのクラスタ混合割合パラメータの事後分布からなっています．後者を計算のために分解すると

$$p\left(\boldsymbol{\pi}_1 | \boldsymbol{Z}_1^{\backslash (i)}\right) \propto p\left(\boldsymbol{Z}_1^{\backslash (i)} \mid \boldsymbol{\pi}_1\right) p(\boldsymbol{\pi}_1)$$

$$= \prod_{i' \neq i, i'=1}^{N_1} \text{Discrete}(z_{1,i'}; \boldsymbol{\pi}_1) \cdot \text{Dirichlet}(\boldsymbol{\pi}_1; \boldsymbol{\alpha}_1)$$

3.3 確率的ブロックモデル (stochastic blockmodel, SBM)

を得ます．ここに離散分布とディリクレ分布の定義式を代入して，さらに定数項を省略すると…

$$p\left(\boldsymbol{\pi}_1 \mid \boldsymbol{Z}_1^{\backslash(i)}\right) \propto \prod_{k=1}^{K} \pi_{1,k}^{\alpha_{1,k}-1+\sum_{i'\neq i, i'=1}^{N_1} \mathbb{I}(z_{1,i'}=k)}$$
$$= \prod_{k=1}^{K} \pi_{1,k}^{\alpha_{1,k}+\hat{m}_{1,k}-1} \tag{3.20}$$

を得ます．

ここで式 (3.20) の右辺とディリクレ分布（式 (3.10)）の類似性に注目します．実は，事前分布をディリクレ分布とするパラメータと離散分布で定義される尤度項の組み合わせならば，パラメータの事後分布は必ずディリクレ分布になることが知られています（この性質を共役性といいます）．この事実から

$$p\left(\boldsymbol{\pi}_1 \mid \boldsymbol{Z}_1^{\backslash(i)}\right) = \text{Dirichlet}\left(\hat{\boldsymbol{\alpha}}_1\right) \tag{3.21}$$
$$\hat{\alpha}_{1,k} = \alpha_{1,k} + \hat{m}_{1,k}, \quad k = 1, 2, \ldots, K$$

を得ます．

以上の変形結果と，ディリクレ分布に関する恒等式

$$\frac{\prod_{k=1}^{K} \Gamma(\alpha_k)}{\Gamma\left(\sum_{k=1}^{K} \alpha_k\right)} = \int \prod_{k=1}^{K} \pi_{1,k}^{\alpha_k-1} d\boldsymbol{\pi}$$

を用いて式 (3.13) の右辺最初の積分を具体的に計算すると

$$\int p(z_{1,i} = k \mid \boldsymbol{\pi}_1) p\left(\boldsymbol{\pi}_1 | \boldsymbol{Z}_1^{\setminus(i)}\right) \mathrm{d}\boldsymbol{\pi}_1$$

$$= \int \mathrm{Discrete}\,(z_{1,i} = k; \boldsymbol{\pi}_1)\,\mathrm{Dirichlet}\,(\boldsymbol{\pi}_1; \hat{\boldsymbol{\alpha}}_1)\,\mathrm{d}\boldsymbol{\pi}_1$$

$$= \int \frac{\Gamma\left(\sum_{k'=1}^{K} \hat{\alpha}_{1,k'}\right)}{\prod_{k'=1}^{K} \Gamma\left(\hat{\alpha}_{1,k'}\right)} \int \prod_{k'=1}^{K} \pi_{1,k'}^{\hat{\alpha}_{1,k'} + \mathbb{I}(k=k')-1} \mathrm{d}\boldsymbol{\pi}_1$$

$$= \frac{\Gamma\left(\sum_{k'=1}^{K} \hat{\alpha}_{1,k'}\right)}{\prod_{k'=1}^{K} \Gamma\left(\hat{\alpha}_{1,k'}\right)} \frac{\prod_{k'=1}^{K} \Gamma\left(\hat{\alpha}_{1,k'} + \mathbb{I}(k=k')\right)}{\Gamma\left(\sum_{k'=1}^{K} \hat{\alpha}_{1,k'} + \mathbb{I}(k=k')\right)}$$

$$= \frac{\hat{\alpha}_{1,k}}{\sum_{k'=1}^{K} \hat{\alpha}_{1,k'}} \qquad (3.22)$$

を得ます.

式 (3.13) の右辺 2 番目の積分についてはベータ分布とベルヌーイ分布の共役性,およびベータ分布の恒等式を用いて同様の計算を行います.

$$p\left(\theta_{k,l} \mid \boldsymbol{X}^{\setminus(i)}, \boldsymbol{Z}_1^{\setminus(i)}, \boldsymbol{Z}_2\right) = \mathrm{Beta}\left(\theta_{k,l}; \hat{a}_{k,l}, \hat{b}_{k,l}\right) \qquad (3.23)$$
$$\hat{a}_{k,l} = a_0 + \hat{n}_{k,l}^{(+)}, \quad \hat{b}_{k,l} = b_0 + \hat{n}_{k,l}^{(-)}$$

$$\int \prod_{l=1}^{L} \prod_{j=1}^{N_2} p\left(x_{i,j} \mid \theta_{k,l}\right)^{\mathbb{I}(z_{2,j}=l)} p\left(\theta_{k,l} \mid \boldsymbol{X}^{\backslash (i)}, \boldsymbol{Z}_1^{\backslash (i)}, \boldsymbol{Z}_2\right) \mathrm{d}\theta_{k,l}$$

$$= \prod_{l=1}^{L} \left(\frac{\Gamma\left(\hat{a}_{k,l} + \hat{b}_{k,l}\right)}{\Gamma\left(\hat{a}_{k,l}\right)\Gamma\left(\hat{b}_{k,l}\right)} \right.$$

$$\left. \times \frac{\Gamma\left(\hat{a}_{k,l} + \sum_{j=1}^{N_2} x_{i,j}\mathbb{I}(z_{2,j}=l)\right)\Gamma\left(\hat{b}_{k,l} + \sum_{j=1}^{N_2}(1-x_{i,j})\mathbb{I}(z_{2,j}=l)\right)}{\Gamma\left(\hat{a}_{k,l} + \hat{b}_{k,l} + \sum_{j=1}^{N_2}\mathbb{I}(z_{2,j}=l)\right)} \right)$$
(3.24)

式 (3.22),式 (3.24) を式 (3.13) に代入すると,ほかのすべての隠れ変数が与えられた状態で,$z_{1,i}=k$, $k \in \{1,2,\ldots,K\}$ となる事後確率(サンプリング用の事後分布)を以下のように計算することができます.

$$p\left(z_{1,i}=k \mid \boldsymbol{X}, \boldsymbol{Z}_1^{\backslash (i)}, \boldsymbol{Z}_2\right)$$

$$\propto \hat{\alpha}_{1,k} \prod_{l=1}^{L} \left(\frac{\Gamma\left(\hat{a}_{k,l} + \hat{b}_{k,l}\right)}{\Gamma\left(\hat{a}_{k,l}\right)\Gamma\left(\hat{b}_{k,l}\right)} \right.$$

$$\left. \times \frac{\Gamma\left(\hat{a}_{k,l} + \sum_{j=1}^{N_2} x_{i,j}\mathbb{I}(z_{2,j}=l)\right)\Gamma\left(\hat{b}_{k,l} + \sum_{j=1}^{N_2}(1-x_{i,j})\mathbb{I}(z_{2,j}=l)\right)}{\Gamma\left(\hat{a}_{k,l} + \hat{b}_{k,l} + \sum_{j=1}^{N_2}\mathbb{I}(z_{2,j}=l)\right)} \right)$$
(3.25)

事後分布が求まったので具体的な $z_{1,i}$ の値をサンプリングします.すなわち式 (3.25) で定義される「K 面サイコロ」を振ることで $z_{1,i}$ を割り当てるクラスタを改めて決定します.

サンプリングの結果新しいクラスタ割り当て $z_{1,i}$ が決定したのちは,十分統計量を以下のように更新します.

$$m_{1,k} = \hat{m}_{1,k} + \mathbb{I}(z_{1,i}=k) \tag{3.26}$$

$$n_{k,l}^+ = \hat{n}_{k,l}^{(+)} + \mathbb{I}(z_{1,i} = k) \sum_{j=1}^{N_2} x_{i,j} \mathbb{I}(z_{2,j} = l) \tag{3.27}$$

$$n_{k,l}^- = \hat{n}_{k,l}^{(-)} + \mathbb{I}(z_{1,i} = k) \sum_{j=1}^{N_2} (1 - x_{i,j}) \mathbb{I}(z_{2,j} = l) \tag{3.28}$$

ここで事後分布（式 (3.25)）の計算前の統計量の修正（式 (3.17)〜(3.19)）および上記の十分統計量の更新式（式 (3.26)〜(3.28)）を見ると，CGS で対象となる変数（今は $z_{1,i}$）に関する統計量の差し引きだけで 1 回のサンプリングに対応する更新式計算ができることが理解できます．

以上が SBM の CGS 計算式の導出になります．$z_{2,j}$ の CGS の計算については，完全に対称な手続きで導出できるため省略します．

3.4 無限関係モデル (infinite relational model, IRM)

本節では非対称関係データのクラスタリング手法としてより汎用性の高い，SBM の拡張モデルである無限関係モデル (IRM)[34] を紹介します．

3.4.1 IRM の概要

IRM は SBM と同様に関係データ行列内に潜在するブロック構造を仮定するモデルです．IRM の最大の特長は，**潜在するクラスタ数 K, L を自動的に決定できる**点です．スペクトラルクラスタリング，SBM, あるいは k-means クラスタリングのような一般のクラスタリング手法の多くでは事前にクラスタ数を決定する必要があります．IRM では，クラスタ数もある種の未知パラメータとして自動的に推定するので，最適なクラスタ数を人手で試行錯誤して探索する必要がありません．これは，視認性が悪い関係データにおいては大きなメリットです．というのも，異なる K, L による SBM のクラスタリング結果を可視化した際に，どちらがどれだけよいかという点を，視覚的に納得する（させる）ことがしばしば困難だからです．これが真のクラスタが不明な実データであった場合，最適な K, L の決定はより難しくなります．IRM ではこの問題を回避できるためにユーザにとっての（大きな）懸念事項であるクラスタ数の問題を気にしないですみます．また，理論上はどのよう

な数のクラスタが潜在していても適合可能なので，任意の関係データ行列に対して「とりあえず適用してみる」という使いかたも可能です．

IRM は無限個のクラスタの存在を仮定した生成モデルです．直観的には，SBM におけるクラスタ混合割合 $\boldsymbol{\pi}$ を生成するディリクレ分布やクラスタ割り当て $\boldsymbol{Z}$ を生成する離散分布を無限次元へと拡張するだけと考えられます．本節ではまず IRM の生成モデルの定義とともに無限拡張のための数学的な道具を紹介します．続いて，IRM のクラスタ割り当て隠れ変数 $\boldsymbol{Z}$ の事後分布推定（ベイズ推定）を SBM の計算結果をもとにして導出します．最後に，推定した事後分布から具体的なクラスタリング結果を出力する方法について簡単に説明します．

3.4.2 IRM の定式化

まずは IRM の生成モデルを以下に示します．なお，この IRM は複数ドメイン関係データを念頭においたモデルとなっています．単一ドメインの関係データのモデルについては[40]などを参照してください．

$$\boldsymbol{Z}_1 \mid \alpha_1 \sim \mathrm{CRP}\,(\alpha_1) \tag{3.29}$$

$$\boldsymbol{Z}_2 \mid \alpha_2 \sim \mathrm{CRP}\,(\alpha_2) \tag{3.30}$$

$$\theta_{k,l} \mid a_0, b_0 \sim \mathrm{Beta}\,(a_0, b_0)$$

$$x_{i,j} \mid \{\theta_{k,l}\}, z_{1,i}, z_{2,j} \sim \mathrm{Bernoulli}\,(\theta_{z_{1,i}, z_{2,j}})$$

$\boldsymbol{Z}_1 = \{z_{1,i}\}, i = 1, \ldots, N_1$, $\boldsymbol{Z}_2 = \{z_{2,j}\}, j = 1, \ldots, N_2$ を表します．

SBM の生成モデル（式 (3.4)～(3.9)）と比較して異なる点は 2 点です．まず，SBM では，$\boldsymbol{\pi}$ をパラメータとしてとる離散分布を使って，クラスタの割り当て $z_{1,i}, z_{2,j}$ が生成されていました（式 (3.6), (3.7)）が，IRM の生成モデルでは「CRP」という分布から直接 $\boldsymbol{Z}_1, \boldsymbol{Z}_2$ が生成されています．次に，SBM ではディリクレ分布から各ドメインのクラスタ混合比 $\boldsymbol{\pi}_1, \boldsymbol{\pi}_2$ を生成（式 (3.4), (3.5)）していましたが，IRM の生成モデルでは $\boldsymbol{\pi}$ に相当する変数がありません．したがって $\boldsymbol{\pi}$ を生成する分布もありません．これら変更点について説明します．

A) 中華料理店過程 (CRP)

式 (3.29), (3.30) 右辺の CRP は中華料理店過程 (**Chinese restaurant**

process, CRP)[7] を表します．中華料理店過程とは，**ノンパラメトリックベイズ** (**Bayesian nonparametrics**) と呼ばれる先端的な確率モデルの枠組みで用いられる**確率過程** (**stochastic process**) です．通常の確率分布は値の確からしさの分布でした．これに対して確率過程は無限個の値，すなわち分布（あるいは関数）に対する確からしさの分布になります．ノンパラメトリックベイズおよび確率過程の正確な説明は[69] を参照してください．

CRP は，無限個の要素集合に対する**分割** (**partitioning**) に対して確率を与える確率過程です．IRM の場合は，第 1 ドメインの N_1 個のオブジェクトおよび第 2 ドメインの N_2 個のオブジェクトをそれぞれ適当なクラスタに割り当て，すなわち，分割した結果を生成します．CRP から生成される分割 Z は，クラスタ数，すなわち分割数は固定されません．サンプリングのたびにクラスタ数は確率的に変動します．極端な場合，N が（可算）無限個の場合には無限個のクラスタをもつ分割までカバーされます．

CRP の説明は，中華料理店を比喩的に用いることが通例です．今，

1. 各テーブルに着席できる客数に上限はない
2. 中華料理店に配置できるテーブル数に上限はない

という中華料理店を仮定します．そのうえで，入店した客をどのテーブルに配置するか，つまり与えられたデータ要素（客）をどのようにクラスタリング（テーブルへの配席）して分割するかを与えるのが CRP です．

今，この中華料理店に客が続々と入店する状況を考えます．それぞれの客は入店後，特定の確率分布 (CRP) に従っていずれかのテーブルに着席します．各テーブルにはそれぞれ特定の料理が配膳されており，その料理の内容でテーブルを区別します．各テーブルはそれぞれが異なる分割クラスタを表し，インデックス k で区別します．個々の客 i はデータの要素，つまりオブジェクトや特徴ベクトルなどを表します．i 番目の客が k 番目のテーブルに着席したことをクラスタ割り当ての変数 $z_i = k$ で表現します．各テーブル k に配膳される料理はクラスタ k のパラメータ θ_k を表しています．以上を図示したのが**図 3.6** です．

今，n 人の客がすでに入店しており，総計 K 個のテーブル[*10] に着席して

[*10] 空のテーブルはないものとします．

3.4 無限関係モデル (infinite relational model, IRM)

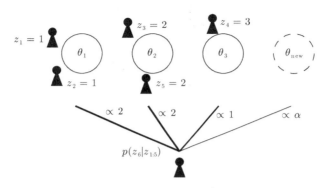

図 3.6 中華料理店過程のイメージ図.

いるとします．このとき，CRP では $n+1$ 番目に入店する客のテーブル選択確率を以下のように定義します．

$$P(z_{n+1} = k \mid z_{1:n}, \alpha) \propto \begin{cases} \sum_{i=1}^{n} \mathbb{I}(z_i = k) & k \in \{1, 2, \ldots, K\} \\ \alpha & k = K+1 \end{cases} \quad (3.31)$$

式 (3.31) はいくつかの重要な特徴を示唆しています．まず，最も特徴的な点が集中度ハイパーパラメータ α に比例する確率で新しいテーブル，すなわち $k = K+1$ 番目のクラスタを具体的に生成する点です．この生成過程にはクラスタ数の上限がありません．無限の客が入店しても無限個のテーブルを用意できるため，中華料理店過程は無限個のコンポーネントをもつ混合分布を正しく表現可能です．

一方で N 人の客が入店した場合，テーブルの数は最大で N 個になることもわかります．すなわち，実際のサンプリング時には必ずクラスタ数は有限個となるためにプログラムによる実装が可能です．また，式 (3.31) の右辺上式からわかるように，CRP は「すでに多くの客が着席しているテーブル」に新たな客が集まりやすい設計になっているためにデータ要素に対するクラスタリング効果があります．理論的には，期待値として $\log N$ 程度のテーブル数になることが知られています[69]．このことは，データ点数に合わせて適応的に期待クラスタ数を変化させることを意味しており，データ分割のモデルとしてリーズナブルな性質といえます．

最後に，CRP によるデータ要素のクラスタリング（客のテーブル割り当て）は，そのインデックスについて**可換 (exchangeable)** であるという特性があります．すなわち，各要素のインデックス i の順番によらず，最終的に得られたクラスタ割り当ての構造だけで確率が定まります．中華料理店の比喩になぞらえると，どのような順番で客が入店しても，同じテーブル割り当てに至る確率は変わらないということです．これは確率的生成モデルのベイズ推定を考えるうえでは重要ですが，本書ではそこまでは立ち入りません．

B) π の周辺化

次に SBM における π に相当するものはどこに行ったのかを説明します．実は CRP は，「無限次元のディリクレ分布と無限次元の離散分布」を組み合わせたものに相当します[69]．

特に無限次元のディリクレ分布との関連では $\pi = (\pi_1, \pi_2, \ldots, \pi_k, \ldots)$ の生成過程が重要です．π_k の生成については**棒折り過程 (stick breaking process)** に従えば，正しいディリクレ過程，すなわち無限次元ディリクレ分布からのサンプリングを実現できることが知られています[75]．棒折り過程を利用した場合，Z の生成過程は以下のようになります．

$$v_k \mid \alpha \sim \text{Beta}(1, \alpha), \quad k = 1, 2, \ldots, \infty$$

$$\pi_k = v_k \prod_{l=1}^{k-1} (1 - v_l), \quad k = 1, 2, \ldots, \infty$$

$$z_i = k \mid \pi \sim P(\pi_k), \quad k = 1, 2, \ldots, \infty$$

CRP は，上記の生成モデルにおいて π を周辺化したものに相当します．

3.4.3 IRM の推論

生成モデル上で SBM と IRM の違いが生まれたのは，クラスタ混合割合パラメータ π に関する部分だけでした．また，SBM の CGS 推論においても，式 (3.22) にあるように π は周辺化してサンプリングをしています．したがって，推論アルゴリズムの計算式の導出と最終的な更新則の大部分は SBM の結果を借用できます．

A) CGSによるIRMの推論式の導出

SBMのときと同様に，第1ドメインの第i番目のオブジェクトのクラスタ割り当て$z_{1,i}$のサンプリングに関して，まずはCGSの定義式（式 (3.11)）どおりに変数を配置します．次に式 (3.11) の定義式中の変数に対応する量を，IRMの生成モデルからあてはめます．隠れ変数$\bm{Z}^{\backslash(i)}$に関してはSBMと同じく$\bm{Z}^{\backslash(i)} = \{\bm{Z}_1^{\backslash(i)}, \bm{Z}_2\}$とします．ただし，パラメータ集合$\{\theta\}$についてはクラスタ間の関係強さパラメータ$\{\theta_{k,l}\}, k = 1, 2, \ldots, l = 1, 2, \ldots$だけが対象となります．これはCRPによってクラスタ混合割合パラメータ$\bm{\pi}_1, \bm{\pi}_2$が周辺化されているからです．

$$p\left(z_{1,i} = k \mid \bm{X}, \bm{Z}_1^{\backslash(i)}, \bm{Z}_2\right)$$
$$\propto \int p\left(\bm{X}^{(i)} \mid \bm{X}^{\backslash(i)}, z_{1,i} = k, \bm{Z}_1^{\backslash(i)}, \bm{Z}_2, \{\theta_{k,l}\}\right)$$
$$\cdot p\left(z_{1,i} = k, \{\theta_{k,l}\} \mid \bm{X}^{\backslash(i)}, \bm{Z}_1^{\backslash(i)}, \bm{Z}_2\right) \mathrm{d}\{\theta_{k,l}\}$$

ここで1つ注意点として，IRMではクラスタ数が中華料理店過程に従うので，CGSの事後分布サンプリング過程においてもサンプリングのたびにクラスタ数が変化します．そこで，現時点の$\bm{Z}_1^{\backslash(i)}, \bm{Z}_2$内の異なるクラスタ数をそれぞれ$K, L$と書くこととします．SBMの結果も使って式変形を進めると，

$$\begin{aligned}
&p\left(z_{1,i} = k \mid \bm{X}, \bm{Z}_1^{\backslash(i)}, \bm{Z}_2\right) \\
&\propto p\left(z_{1,i} = k \mid \bm{Z}_1^{\backslash(i)}\right) \\
&\quad \cdot \int \prod_{l=1}^{L} \prod_{j=1}^{N_2} [p(x_{i,j} \mid \theta_{k,l})]^{\mathbb{I}(z_{2,j} = l)} p\left(\theta_{k,l} \mid \bm{X}^{\backslash(i)}, \bm{Z}_1^{\backslash(i)}, \bm{Z}_2\right) \mathrm{d}\theta_{k,l}
\end{aligned} \tag{3.32}$$

を得ます．SBMの場合（式 (3.13)）のときと違って，周辺化すべきクラスタ混合割合パラメータ$\bm{\pi}$がないために積分が1つ少なくなりました．

B) 十分統計量の定義と具体的な更新式

まずIRMの第1ドメインの隠れ変数の更新に必要な十分統計量を定義し

ますが，数式上は SBM の場合とまったく同じです．

$$m_{1,k} = \sum_{i=1}^{N_1} \mathbb{I}(z_{1,i} = k) \tag{3.33}$$

$$n_{k,l}^{(+)} = \sum_{i=1}^{N_1} \sum_{j=1}^{N_2} x_{i,j} \mathbb{I}(z_{1,i} = k) \mathbb{I}(z_{2,j} = l) \tag{3.34}$$

$$n_{k,l}^{(-)} = \sum_{i=1}^{N_1} \sum_{j=1}^{N_2} (1 - x_{i,j}) \mathbb{I}(z_{1,i} = k) \mathbb{I}(z_{2,j} = l) \tag{3.35}$$

各式について k, l は $k = 1, 2, \ldots, K, l = 1, 2, \ldots, L$ の範囲を考えるものとします．

$z_{1,i}$ をサンプリングする際には，$z_{1,i}$ は「1度席を立ってもらう」，つまり未知量として扱いますので下記のように定義される「1つ抜き」の十分統計量を用いる点も SBM と同じです．

$$\hat{m}_{1,k} = \sum_{i' \neq i, i'=1}^{N_1} \mathbb{I}(z_{1,i'} = k) = m_{1,k} - \mathbb{I}(z_{1,i} = k) \tag{3.36}$$

$$\hat{n}_{k,l}^+ = \sum_{i' \neq i, i'=1}^{N_1} \sum_{j=1}^{N_2} x_{i',j} \mathbb{I}(z_{1,i'} = k) \mathbb{I}(z_{2,j} = l)$$

$$= n_{k,l}^{(+)} - \mathbb{I}(z_{1,i} = k) \sum_{j=1}^{N_2} x_{i,j} \mathbb{I}(z_{2,j} = l) \tag{3.37}$$

$$\hat{n}_{k,l}^- = \sum_{i' \neq i, i'=1}^{N_1} \sum_{j=1}^{N_2} (1 - x_{i',j}) \mathbb{I}(z_{1,i'} = k) \mathbb{I}(z_{2,j} = l)$$

$$= n_{k,l}^{(-)} - \mathbb{I}(z_{1,i} = k) \sum_{j=1}^{N_2} (1 - x_{i,j}) \mathbb{I}(z_{2,j} = l) \tag{3.38}$$

上記（式 (3.36)～(3.38)）の1つ抜きの十分統計量を使って $z_{1,i}$ をサンプリング，その結果に従って新しい席に $z_{1,i}$ を「座らせる」，つまり本来の十分統計量（式 (3.33)～(3.35)）を更新し直します．

ただし，サンプリングの経過によってクラスタ数 K, L が動的に変わりうる点だけは注意が必要です．クラスタ数が減少する可能性がある場面は，事

3.4 無限関係モデル (infinite relational model, IRM) 73

後分布（式 (3.32)）を計算するために，上記「1つ抜き」の十分統計量（式 (3.36)～(3.38)）を計算する場面です．もし $z_{1,i}$ だけがメンバー（着席している客）となる第1ドメインのクラスタ（テーブル）があった場合，「1つ抜き」を計算した時点でそのクラスタは無人となります．IRM の CGS 実装では，無人のクラスタは消滅したものと考えるので $K \leftarrow K - 1$ として事後分布を計算します．クラスタ数が増加する可能性がある場面は，隠れ変数 $z_{1,i}$ の値を事後分布からサンプリングする場面です．これについては，関係する部分の計算時およびサンプリング実施後の統計量更新の説明の場面で触れていきます．

まず式 (3.32) の右辺の $p\left(z_{1,i} = k \mid \boldsymbol{Z}_1^{\setminus(i)}\right)$ を検証します．これは中華料理店過程の定義式（式 (3.31)）そのものですので SBM の場合よりも計算が簡単になっています．今，実現している第1ドメインのクラスタが K 個だとすると，中華料理店過程によって $K+1$ 番目の新しいクラスタ（テーブル）が選ばれる可能性があるため，その場合分けが必要になります．

$$P\left(z_{1,i} = k \mid \boldsymbol{Z}_1^{\setminus i}\right) \propto \begin{cases} \hat{m}_{1,k} & k \in \{1, 2, \ldots, K\} \\ \alpha_1 & k = K+1 \text{（新しいクラスタ）} \end{cases} \quad (3.39)$$

次に式 (3.32) の右辺の積分（尤度）を検証します．生成モデル上はパラメータ θ と観測量 x は SBM と IRM で一致しているために数式上の変更はありません．したがって SBM の計算結果（式 (3.24)）をそのまま利用して

$$\begin{aligned}
&\int \prod_{l=1}^{L} \prod_{j=1}^{N_2} p\left(x_{i,j} \mid \theta_{k,l}\right)^{\mathbb{I}(z_{2,j}=l)} p\left(\theta_{k,l} \mid \boldsymbol{X}^{\setminus(i)}, \boldsymbol{Z}_1^{\setminus i}, \boldsymbol{Z}_2\right) \mathrm{d}\theta_{k,l} \\
&= \prod_{l=1}^{L} \left(\frac{\Gamma\left(\hat{a}_{k,l} + \hat{b}_{k,l}\right)}{\Gamma\left(\hat{a}_{k,l}\right) \Gamma\left(\hat{b}_{k,l}\right)} \right. \\
&\quad \times \left. \frac{\Gamma\left(\hat{a}_{k,l} + \sum_{j=1}^{N_2} x_{i,j}\mathbb{I}(z_{2,j}=l)\right) \Gamma\left(\hat{b}_{k,l} + \sum_{j=1}^{N_2} (1-x_{i,j})\mathbb{I}(z_{2,j}=l)\right)}{\Gamma\left(\hat{a}_{k,l} + \hat{b}_{k,l} + \sum_{j=1}^{N_2} \mathbb{I}(z_{2,j}=l)\right)} \right)
\end{aligned}$$
(3.40)

となります．ここで

$$\hat{a}_{k,l} = a_0 + \hat{n}^{(+)}_{k,l}, \quad \hat{b}_{k,l} = b_0 + \hat{n}^{(-)}_{k,l}$$

です．ただし，IRM の場合は $z_{1,i} = K+1$（新クラスタ）となる可能性があるのでその場合の扱いだけが問題になります．「1 つ抜き」の十分統計量（式 (3.36)～(3.38)）は現時点で存在している K 個のクラスタにのみ定義されているためです．結論からいうと，新クラスタ $k = K+1$ に関する十分統計量は，すべての $l \in \{1, 2, \ldots, L\}$ について $\hat{n}^{(+)}_{K+1,l} = \hat{n}^{(-)}_{K+1,l} = 0$ として扱えば数式上の変更なく正しく評価できます．

式 (3.39)，(3.40) を式 (3.32) に代入すると，$z_{1,i} = k, k \in \{1, 2, \ldots, K\}$（既存クラスタ），および $k = K+1$（新規クラスタ）となる事後確率を以下のように計算することができます．

$$p\left(z_{1,i} = k \in \{1, 2, \ldots, K\} \text{（既存クラスタ）} \mid \boldsymbol{X}, \boldsymbol{Z}_1^{\backslash(i)}, \boldsymbol{Z}_2\right)$$

$$\propto \hat{m}_{1,k} \times \prod_{l=1}^{L} \left[\frac{\Gamma\left(\hat{a}_{k,l} + \hat{b}_{k,l}\right)}{\Gamma\left(\hat{a}_{k,l}\right)\Gamma\left(\hat{b}_{k,l}\right)} \right.$$

$$\left. \cdot \frac{\Gamma\left(\hat{a}_{k,l} + \sum_{j=1}^{N_2} x_{i,j}\mathbb{I}(z_{2,j} = l)\right) \Gamma\left(\hat{b}_{k,l} + \sum_{j=1}^{N_2} (1-x_{i,j})\mathbb{I}(z_{2,j} = l)\right)}{\Gamma\left(\hat{a}_{k,l} + \hat{b}_{k,l} + \sum_{j=1}^{N_2} \mathbb{I}(z_{2,j} = l)\right)} \right]$$

(3.41)

$$p\left(z_{1,i} = K+1 \text{ (新規クラスタ)} \mid \boldsymbol{X}, \boldsymbol{Z}_1^{\backslash(i)}, \boldsymbol{Z}_2\right)$$
$$\propto \alpha_1 \times \prod_{l=1}^{L} \left[\frac{\Gamma(a_0 + b_0)}{\Gamma(a_0)\Gamma(b_0)} \right.$$
$$\left. \cdot \frac{\Gamma\left(a_0 + \sum_{j=1}^{N_2} x_{i,j} \mathbb{I}(z_{2,j} = l)\right) \Gamma\left(b_0 + \sum_{j=1}^{N_2} (1-x_{i,j}) \mathbb{I}(z_{2,j} = l)\right)}{\Gamma\left(a_0 + b_0 + \sum_{j=1}^{N_2} \mathbb{I}(z_{2,j} = l)\right)} \right]$$
(3.42)

さて，以上で事後分布が求まったので具体的な $z_{1,i}$ の値をサンプリングします．すなわち式 (3.41), (3.42) で定義される「$K+1$ 面サイコロ」を振ることで $z_{1,i}$ の座る席を改めて決定します．

サンプリングの結果新しいクラスタ割り当てが決定したのちは，十分統計量を以下のように更新します．

$$m_{1,k} = \hat{m}_{1,k} + \mathbb{I}(z_{1,i} = k) \tag{3.43}$$

$$n_{k,l}^+ = \hat{n}_{k,l}^{(+)} + \mathbb{I}(z_{1,i} = k) \sum_{j=1}^{N_2} x_{i,j} \mathbb{I}(z_{2,j} = l) \tag{3.44}$$

$$n_{k,l}^- = \hat{n}_{k,l}^{(-)} + \mathbb{I}(z_{1,i} = k) \sum_{j=1}^{N_2} (1-x_{i,j}) \mathbb{I}(z_{2,j} = l) \tag{3.45}$$

もし $z_{1,i} = K+1$，すなわち新規クラスタに割り当てるというサンプリング結果になった場合，十分統計量は式 (3.43)〜(3.45) においてハットつきの値をすべて 0 にすることで計算します．また $K \leftarrow K+1$ となるので，各種変数などに関するメモリサイズを大きくする必要があります．

$z_{2,j}$ については，完全に対称な手続きで導出できるため省略します．

3.4.4 出力方法

最後に，具体的に IRM の推論結果を出力する手続きを説明します．

CGS に限らず，一般にベイズ推定では事後分布の推定が目的となります．

したがって，スペクトラルクラスタリングのように，具体的なクラスタリング結果などは後処理が必要になります．

CGSの出力は，サンプリング実現値です．このサンプリング実現値を用いて隠れ変数の事後分布を計算します．まず，CGSをS周回実施すると，全$N_1 + N_2$個のオブジェクトに対してS個ずつサンプリング結果を得ることができます．たとえば$z_{1,i}$については$\left(z_{1,i}^{(1)}, z_{1,i}^{(2)}, \ldots, z_{1,i}^{(s)}, \ldots, z_{1,i}^{(S)}\right)$，$z_{2,j}$については$\left(z_{2,j}^{(1)}, z_{2,j}^{(2)}, \ldots, z_{2,j}^{(s)}, \ldots, z_{2,j}^{(S)}\right)$です．次に，上記$S$個のサンプルのうち，最初の適当な$B$期間のサンプルをすべて棄却します．そのうえで，適当なM個おきのサンプル実現値だけを抽出します．この処理は，CGS（およびMCMC法全般）で得られるサンプル間の独立性を担保するための手続きになります．こうすると，おおよそ$T = \frac{S-B}{M}$個のサンプルが残ります．このT個のサンプルを用いて，「あるオブジェクトiが，あるクラスタkに何回所属したか」をカウントします．そのカウントを正規化するとあるオブジェクトのクラスタ割り当て隠れ変数zの事後分布が計算できます．

今，各オブジェクトについてT個のサンプル系列が残っています．たとえば$z_{1,i}$については$\left(z_{1,i}^{(1)}, z_{1,i}^{(2)}, \ldots, z_{1,i}^{(t)}, \ldots, z_{1,i}^{(T)}\right)$，$z_{2,j}$については$\left(z_{2,j}^{(1)}, z_{2,j}^{(2)}, \ldots, z_{2,j}^{(t)}, \ldots, z_{2,j}^{(T)}\right)$です．このとき，たとえば，$z_{1,i}$が$k$番目の第1ドメインクラスタに所属する事後確率は

$$p(z_{1,i} = k \mid \boldsymbol{X}) = \frac{1}{T} \sum_{t=1}^{T} \mathbb{I}\left(z_{1,i}^{(t)} = k\right)$$

すなわちT個のサンプル中何回クラスタkに割り当てられたかの割合となります．同様に，$z_{2,j}$がl番目の第2ドメインクラスタに所属する事後確率は

$$p(z_{2,j} = l \mid \boldsymbol{X}) = \frac{1}{T} \sum_{t=1}^{T} \mathbb{I}\left(z_{2,j}^{(t)} = l\right)$$

となります．

なお，細かくなりますが，クラスタを示すインデックスk, lの一意性を維持しなければ上記は厳密には正しい計算となりません．CGSの過程でクラスタインデックスの一意性を崩し得る部分はCRPによるクラスタ数の増加（新しい客がサンプリングした結果新しいテーブルに着席），およびCGSの

3.4 無限関係モデル (infinite relational model, IRM)

クラスタ割り当て解除によるクラスタ数の減少（あるクラスタの唯一の帰属オブジェクトであった客 i が，サンプリングに先立って「席を立つ」ことによるクラスタの消滅）です．一意性を維持するには，サンプリングの全過程において生成されたクラスタに重複のない通し番号をつけることと，クラスタが消滅した場合もそのクラスタ番号は消去しないことという処理が必要です．

以上でベイズ推定の目的である，隠れ変数 $\boldsymbol{Z}$ の事後分布を得ることができました．しかし，一般に事後分布を最終的な成果物とすることはまれです．関係データクラスタリングの主な目的はオブジェクトのクラスタリングなので，スペクトラルクラスタリングの場合と同様に「オブジェクト $(1,i)$ はあるクラスタに所属する」という具体的な，あるいは代表的なクラスタ割り当てが欲しい場合がほとんどです．事後分布 $p(\boldsymbol{Z} \mid \boldsymbol{X})$ からそのような割り当て $\boldsymbol{C}$ を求める方法はいくつかあります．ここで割り当て $\boldsymbol{C} = \{\boldsymbol{C}_1, \boldsymbol{C}_2\}$，$\boldsymbol{C}_1 = \{c_{1,i}\}, i \in \{1,2,\ldots,N_1\}$，$\boldsymbol{C}_2 = \{c_{2,j}\}, j \in \{1,2,\ldots,N_2\}$ とします．$c_{1,i} = k \in \{1,2,\ldots,K\}$ は第 1 ドメインの i 番目のオブジェクトのクラスタ割り当て，$c_{2,j} = l \in \{1,2,\ldots,L\}$ は第 2 ドメインの j 番目のオブジェクトのクラスタ割り当てを表します．

多くの場合，最も適切なクラスタ割り当ては**事後分布最大化 (maximum a posterior, MAP)** 解を利用することです．MAP 解とは，複数のクラスタに対する所属確率（重み）事後分布から，最大の所属確率をもつ（重みの大きい）クラスタを 1 つ選択する解で，以下のように定義されます．

$$c_{1,i} = \underset{k:k=1,2,\ldots,K}{\operatorname{argmax}} p(z_{1,i} = k \mid \boldsymbol{X})$$

$$c_{2,j} = \underset{l:l=1,2,\ldots,L}{\operatorname{argmax}} p(z_{2,j} = l \mid \boldsymbol{X})$$

CGS は上記のように $S(T)$ 個のサンプルを保持するのが正しい利用法ですが，現実にはもっと簡便な実施例も多数見受けられます．その 1 つは，ギブスサンプラーの周回中に何らかの評価値 $f(\boldsymbol{Z}_1, \boldsymbol{Z}_2)$ を計算して，S 回のサンプリング周回中最も評価値の高かった周回 $\hat{s}$ のサンプリング結果を用いる方法です．すなわち，

$$c_{1,i}^{\mathrm{MAX}} = z_{1,i}^{(\hat{s})}, \quad c_{2,j}^{\mathrm{MAX}} = z_{2,j}^{(\hat{s})}, \quad \hat{s} = \underset{s:s=1,2,\ldots,S}{\operatorname{argmax}} f\left(\boldsymbol{Z}_1^{(s)}, \boldsymbol{Z}_2^{(s)}\right)$$

ここで，$z_{1,i}^{(s)}, z_{2,j}^{(s)}$ は具体的なサンプル値なので，何らかのクラスタのインデックス k, l が格納されていることに注意してください．

また，最も簡単な方法としては，S 回目，すなわち最後のサンプリング周回のサンプリング結果をそのまま使う方法があります．

$$c_{1,i}^{\mathrm{LAST}} = z_{1,i}^{(S)}, \quad c_{2,j}^{\mathrm{LAST}} = z_{2,j}^{(S)}$$

$c^{\mathrm{MAX}}, c^{\mathrm{LAST}}$ は正しい推定結果とはいえないことに注意してください．しかし十分なサンプリング周回数 S が確保されている場合，クラスタリング結果の可視化や知識発見などの実運用上はこれらでも十分であることが多いのです．

3.5 IRM のまとめ

以上，一般の関係データに適用可能な関係データクラスタリング手法である，IRM の生成モデルと推論方法について説明しました．

IRM には大きく 2 つの特徴があります．1 つは SBM から受け継いだブロック構造のモデル化です．第 1 ドメイン（行）と第 2 ドメイン（列）を複数のクラスタにそれぞれ分解 (Z_1, Z_2) して，関係データ行列をクラスタ同士の結合パラメータ ($\theta_{k,l}$) に従って確率的に関係データを生成します．2 つ目は IRM だけの特徴点で，中華料理店過程 (CRP) を用いることで，任意数のクラスタ構造をモデル化可能としたことです．本書では 0, 1 の 2 値関係データに対する観測モデルで説明してきましたが，連続値，離散値の場合も $\theta_{k,l}$ と $x_{i,j}$ の確率分布を適切に変更すれば利用できます．その場合の生成モデルを説明した文献もすでに存在します[17]．

推論方法として，本書では周辺化ギブスサンプラーを説明しました．これは，推論方法の導出，実装がともに比較的容易であり，また理論上正確な事後分布へ収束していくことが知られているためです．しかし，スペクトラルクラスタリングと比べると煩雑であり，また出力結果も事後分布を計算したうえで代表値を選ぶ必要があるなど，手間がかかる手法になっています．その代わりに，スペクトラルクラスタリングでは適用不可能な非対称関係データにも適用可能であり，また密結合，疎結合クラスタ双方とも抽出可能であるなど，多くの利点をもった関係データクラスタリング手法です．

3.5 IRM のまとめ

ここで IRM の入出力をまとめます．まず入力は以下のとおりです．

1. 第 1 ドメインのノード数（オブジェクト数）$N_1 \in \mathbb{N}$, 第 2 ドメインのノード数（オブジェクト数）$N_2 \in \mathbb{N}$.
2. $N_1 \times N_2$ の行列関係データ $\boldsymbol{X} = (x_{i,j})$. 関係データの値については，特に強い制約はありません．本書では 0, 1 の 2 値を仮定しましたが，連続値，整数値，あるいは離散値でもモデル化は可能です[17].
3. 中華料理店過程のハイパーパラメータ α_1, α_2. 著者の経験では，N が大きいときは $\alpha_1 = \alpha_2 = 0.1$, 小さいときは $\alpha_1 = \alpha_2 = 1.0$ と設定するとうまくいくことが多いといえます．
4. クラスタ間接続確率パラメータのためのハイパーパラメータ（本章では a_0, b_0）．ベータ分布の場合はたとえば $a_0 = b_0 = 0.5$ がよいでしょう．
5. 周辺化ギブスサンプラーのための定数 M, B, S. これらについては典型的な値はありません．N や想定される K の大きさ，および利用可能な計算機リソースと時間（納期）を鑑みて決定します．

一方，出力は $N_1 + N_2$ 個の 各オブジェクトのクラスタ割り当ての事後分布です．その後の副産物を含めれば，IRM は 3 つの量を出力します．

1. 主産物: クラスタへの割り当て隠れ変数の事後分布[*11]
   $p(\boldsymbol{Z} = \{\boldsymbol{Z}_1, \boldsymbol{Z}_2\} | \boldsymbol{X})$. $z_{1,i}, z_{2,j}$ は各ドメインにおけるオブジェクトのクラスタ帰属 (cluster assignment) 事後確率を表します．
2. 副産物: クラスタ割り当ての代表値 $\boldsymbol{C} = \{\boldsymbol{C}_1, \boldsymbol{C}_2\}$. $c_{1,i}, c_{2,j}$ は各ドメインにおけるオブジェクトの代表帰属クラスタを表します．計算の方法は先節で解説しています．
3. 副産物: 各ドメインにおける推定クラスタ総数 K_1, K_2. クラスタ総数は $\boldsymbol{Z}$ あるいは $\boldsymbol{C}$ におけるクラスタインデックスの異なり数とするのが普通です．

最後に IRM のギブスサンプリングに基づく推論はアルゴリズム 3.1 に示す擬似コードのようになります．

[*11] 正確には CGS に基づく事後分布の近似値になります

アルゴリズム 3.1 周辺化ギブスサンプラーに基づく無限関係モデルの推論手続き（2値関係データの場合）

入力：$N_1 \times N_2$ 関係データ行列 $\boldsymbol{X}$（ただし $x \in \{0,1\}$），ハイパーパラメータ $\alpha_1, \alpha_2, a_0, b_0$，定数 B, M, S．
出力：第1ドメインの N_1 オブジェクトのクラスタ割り当て事後確率 $p(\boldsymbol{Z}_1 \mid \boldsymbol{X})$，第2ドメインの N_2 オブジェクトのクラスタ割り当て事後確率 $p(\boldsymbol{Z}_2 \mid \boldsymbol{X})$．

1. 中華料理店過程（式 (3.31)）を用いて $\boldsymbol{Z}_1, \boldsymbol{Z}_2$ の初期値を計算．
2. 現在の $\boldsymbol{Z}_1, \boldsymbol{Z}_2$ を用いて十分統計量を計算（式 (3.33)～(3.35)）．
3. for $s = 1, \ldots, S$, repeat:
   - **3a.** 第1ドメインオブジェクトインデックスと第2ドメインオブジェクトインデックスの和集合 $O = \{(1,1), \ldots, (1,i), \ldots, (1,N_1), (2,1), \ldots, (2,j), \ldots, (2,N_2)\}$ をとる．O の内部でランダムにインデックス要素の順番を並べ替える．
   - **3b.** for all $o \in O$, do. なお o が第2ドメインオブジェクトのインデックスだった場合は適切に定数，変数を入れ替えて計算を実施する．
     - **3b-i.** $o = (1,i)$ のとき，式 (3.41), (3.42) 右辺に従って，ギブス事後分布確率をすべての k に対して計算．なお $z_{1,i}$ の割り当てを計算しないため，実体化されるクラスタ数 K が減少しうることに注意する．
     - **3b-ii.** 上記で計算した確率を正規化し式 (3.41), (3.42) のとおり新しい $z_{1,i}$ の値をサンプリング．
     - **3b-iii.** サンプリングされた $z_{1,i}$ の値を利用して十分統計量を再計算（式 (3.43)～(3.45)）．
   - **3c.** 現在の $\boldsymbol{Z}_1, \boldsymbol{Z}_2$ を $\boldsymbol{Z}_1^{(s)}, \boldsymbol{Z}_2^{(s)}$ として保存する．
   - **3d.** $s \leftarrow s + 1$
   - **3e.** $s > S$（あるいは任意の停止条件）を満たした場合 3. の繰り返しを終了．
4. 保存された $\boldsymbol{Z}^{(1)}, \ldots, \boldsymbol{Z}^{(S)}$ から，3.4.4 項に記載した方法で事後確率 $\boldsymbol{Z}_1, \boldsymbol{Z}_2$ を計算して出力．

3.6 実データへの適用例

それでは,実際に IRM を関係データクラスタリングに適用してみます.まず,スペクトラルクラスタリングとの比較のために,Zachary's Karate Club network data[94](図 2.6)を解析してみました.

IRM によるクラスタリング結果を図 3.7 に示します.クラスタリング結果は行と列でほぼ対称になっています.これは入力された関係データがそもそも対称行列のため自然な結果といえます.行,列ともに 34 のオブジェクトを $K = L = 4$ つのクラスタに分割しました.このクラスタ数は CGS によって自動的に発見されたものです.この分割結果は,34 人のメンバーが 2 つに分かれた現実と反するように思えます.

しかしながら,行のクラスタリング結果 C_1 および列のクラスタリング結果 C_2 を用いて,現実の分裂結果との一致度を ARI[23,65] で計算すると,行のクラスタリングでは 0.6077,列のクラスタリングでは 0.6404 となり,$K = 2$

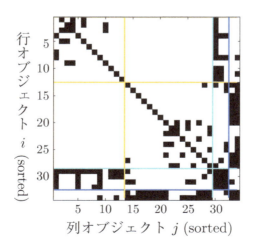

図 3.7 Zachary's Karate Club network data[94] に対して IRM を適用した結果.本来が対称な無向関係データのため,行のクラスタリング結果 C_1 と列のクラスタリング結果 C_2 はほとんど一致しています.

で計算したスペクトラルクラスタリングの結果よりもよくなりました．これは，現実には2つのクラスタに分裂していても，関係データを観察すると実際にはより細かな4つのクラスタに分割することが可能であるということを示唆しています．ここで，$K=4$ というクラスタ数はモデルが関係データから自動的に獲得したことに注意してください．このように，人間の思い込み（あるいは直観）に反するクラスタ数のほうが与えられた関係データをよりよく表現できることはままあります．そのような場合に，自動的にある意味で適切なクラスタ数を発見できる IRM の有用性が高いといえます．

次に，非対称関係データの解析例として，Enron 社内の E メールデータセット[38]を用いて，$N=151$ 人の間のメールのやりとりの関係データのクラスタリングを試みます．行列は正方行列ですが，たとえば同報メールや職位の上下などの影響によってメールの送受信関係は非対称となります．

ここでは，2001年8月のメール送受信データを用いたクラスタリングの結果を紹介します．関係データは，$x \in \{0,1\}$ の2値とします．この月の間に，社員 i から社員 j へ1度でもメールが送られていれば $x_{i,j}=1$，そうでなければ $x_{i,j}=0$ とします．図 3.8(A) が利用された関係データ行列です．これに対して IRM を適用した結果が図 3.8(B) です．これは c^{LAST} に基づく可視化結果です．この図では少し見にくいですが，行方向（メール送信者）は $K=6$ クラスタに，列方向（メール受信者）$L=3$ クラスタに分割されています．CGS の繰り返し回数ごとのクラスタ数の変化を図 3.8(C) に示します．これによれば，クラスタ数はかなり安定して $(K,L)=(6,3)$ に落ち着いていることがわかります．このデータセットには，一部社員については職位情報があるためにクラスタ結果の検証が可能です．たとえば，図 3.8(B) において行方向上から2つ目，列方向左から1つ目のブロックは，Enron グループの経営層のコミュニティです．この中でメールの送信者，受信者として両方に所属する社員としては，Vice President, President, Enron Gas Pipeline President, Regulatory Affairs Vice President, Enron Global Markets President, Manager Risk management head などがいます．

このように，IRM は真のクラスタ構造がわからないような実データにおいても，適当にクラスタ数を推定して関係データクラスタリングを実行することが可能です．

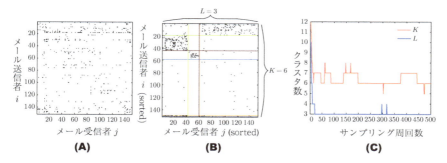

図 3.8 Enron E-mail データセット[38] に対して無限関係モデルを適用した結果．(A) 2001 年 8 月の E-mail 送受信データ（2 値化）．黒が $x=1$, 白が $x=0$ を表します．(B) IRM によるクラスタリング結果 (C)．行方向に $K=6$, 列方向に $L=3$ のクラスタ分割を得ています．(C) K, L の変化．横軸は周辺化ギブスサンプラによる全 Z のサンプリング手続き周回数（アルゴリズム 3.1 内の s）．

3.7 実運用上の留意点と参考文献

本節では IRM および SBM の選択方法，その限界と拡張手法などについて述べます．

3.7.1 どのアルゴリズムを使うべきか

モデルの柔軟性，また 2 つあるクラスタ数を自動的に決定してくれる点を鑑みれば，確率的アプローチによる関係データクラスタリングのモデルとしては IRM のほうが優れています．

しかし，実運用を考えたときには SBM のほうが好ましい場合も考えることができます．まず，IRM に比べて SBM は実装が簡単です．特にクラスタ数の増減がないことでクラスタ数やクラスタ番号の管理に気を使わなくてよい点は工数の大幅な削減につながります．次に，SBM ではクラスタ数の増減がないことで並列化や確率的最適化による推論アルゴリズム計算の大幅な高速化が容易という点が挙げられます．最後に，SBM で $\boldsymbol{\alpha}_1, \boldsymbol{\alpha}_2$ の各次元の要素の値を小さくするとごく一部のクラスタに混合割合が集中し，そのほか

のクラスタの重みがほぼ 0 に近づいていくという推定結果を得ることが多いです．したがって，関係データに対して十分大きいと思われる K, L を設定しておくと，データの複雑度に見合った程度の数のクラスタにのみ重みが残り，ほかのクラスタの重みが非常に小さくなるといった結果を期待することができます[*12]．固定するクラスタ数を大きく設定するとその分計算コストは増えますが，並列化などによる計算高速化でカバーできることを考慮すると，このアプローチも実用上可能だと考えられます．

3.7.2 IRM の限界と拡張

続いて SBM, IRM の限界とその拡張について文献とともに紹介します．

SBM や IRM の生成モデルは，1 つの行（列）オブジェクトは必ず 1 つのクラスタに所属するという仮定をおいています．しかし，この仮定は必ずしも常に成立するわけではありません．たとえば SNS 上での友人関係データを考えます．このとき，あるユーザが他の友人達と新たにリンクを張る場合，「どこで知り合ったのか」ということは重要な文脈になります．たとえば，同じ職場で，同じ趣味のサークルで，あるいはたまたま友人の紹介で，など，出会う場所はさまざまです．そして，どのような場所で出会った友人かによって，友達リンクを張る確率は異なることが想像されます．たとえば，プライベートと仕事を分ける意識が強い人は，職場の知り合いとはあまりリンクを張らず，趣味の友人に対しては積極的に友達ネットワークを拡張しようとするかもしれません．このように，「相手とどこで知り合ったかのパターンによってリンク生成確率を変える」ということは IRM では想定していません．

このような関係データクラスタリングを可能にするのが混合メンバーシップ確率ブロックモデル (**mixed membership stochastic block model**)[14] です．このモデルは，トピックモデルと呼ばれる混合モデルの拡張モデルを利用した関係データモデルで，上記のように 1 つのオブジェクトがつながる相手に応じて所属クラスタを選択することができます．このモデルは有限のクラスタ数 K を事前に固定する必要がありますが，未知数のクラスタを自動的に推定する拡張手法も存在します[54]．近年の機械学習のネットワークモデル研究の対象という意味では，IRM よりも混合メンバー

[*12] ただし，最終的に大きな重みをもつクラスタの数について何か理論的な根拠などがあるわけではありません．

シップ確率ブロックモデルのほうが注目されています．

また，交友ネットワークは時間の経過によって変化していくことが予想されます．このように，多くの現実のネットワークは時間とともに変化していくため，時系列関係データのモデリング手法は現在もさかんに研究されています[15, 25, 37, 86]．また，非常に巨大な関係ネットワークの解析のためにはIRMの利用はまだ非現実的です．そのような巨大なネットワークの確率モデルについては並列計算による高速化[17]や計算効率とスケーラビリティを重視したネットワークモデル[20, 89, 92]などの利用が考えられます．

最後に，本書でこれまで紹介してきた関係データクラスタリング手法ではすべてのオブジェクトは必ずどれか1つのクラスタに割り当てられます．また，複数のクラスタに割り当てられることはありません．このようなクラスタリングを**網羅的かつ排他的 (exhaustive and non-overlapping)** なクラスタリングと呼びます．これに対して，たとえばSNSにおけるボットユーザなどのようにコミュニティなどに所属しないオブジェクトがあると関係データ内のすべてのオブジェクトは必ずどれかのクラスタに所属するという暗黙の仮定が崩れてしまいます．このような関係データに対しては，部分IRM(subset IRM)法[27]と呼ばれるIRMの拡張手法があります．このモデルでは，行および列のオブジェクトがブロック構造に従うかどうかを推定するしくみが入っており，ブロック構造に従わないオブジェクトは「その他」クラスタに割り当てる，という戦略をとることで上記の問題を緩和します．また，**非網羅的かつ非排他的 (non-exhaustive and overlapping, NEO)** クラスタリング[26, 44]と呼ばれる手法では，関係データ行列のうちブロック構造をもち，かつ「値が特に周囲と異なるブロック」のみを抽出します．それ以外の関係データ行列エントリはクラスタリングの対象としない（「その他」クラスタとしてひとまとめにすることもしない）ので，注目に値しそうな関係データ行列の部分集合だけを効率的に可視化，検証することができます[*13]．

3.7.3 参考文献について

まずは，IRMの初出論文[34]をおさえることが肝要といいたいところです

[*13] このうち[26]の内容については MATLAB による実装例を著者の Github で公開しています．https://github.com/k-ishiguro/InfinitePlaidModels

が，同論文は機械学習の研究者を念頭に書いてあるため初学者にはおすすめできません．日本語の資料としては，NTTの上田修功先生がいくつかの資料を提供しています[28, 81]．これらの資料のほうが多くの（機械学習の専門家でない）読者にとってはわかりやすいと思います．

確率モデル，あるいは確率モデルに基づく機械学習の勉強にはビショップの教科書[6]，あるいはマーフィーの教科書[56]が近年の定番となっています．また，ノンパラメトリックベイズモデルについては，目的が使うことのみならば，本書を下敷きにして[28]の内容が理解できれば十分だと思われます．本質的な理解を求める場合には，[28]に加えて東京大学の佐藤一誠先生が担当された本シリーズの[69]がおすすめできます．

IRMのプログラム資産としては，原論文[34]の著者がCによる実装例を公開しています[*14]ので，利用するだけならばこの実装でよいと思います．しかし，自分で実装する場合には，このプログラム資産によらないほうがよいと思います．なぜならば，IRMにはクラスタ数の増減があるためです．できればはじめから可変長配列をデータ構造にもつプログラム言語（Java, Pythonなど）で実装したほうが簡単でしょう．実装上で困難な部分はCRPによるクラスタ数の増減のみであり，そこが解決できればあとは通常の混合ガウシアンモデルなどを下敷きとして容易に実装可能です．

[*14] http://www.psy.cmu.edu/~ckemp/code/irm.html

Chapter 4

行列分解

> ここで 1.5.1 項で述べた，映画推薦の話に立ち戻ります．1.5.1 項では映画評価の予測に焦点を当てていましたが，これ以外にもいくつかのタスクが考えられます．たとえば，ある顧客と映画の趣味が似ているのはどの顧客でしょうか．また，ある映画と同じジャンルに属するのはどの映画でしょうか．評価データが大きすぎる場合，それをうまく圧縮する方法はないでしょうか．
>
> 行列分解は欠損値の予測だけでなく，これらのタスクも包括的に解くことができる，非常に強力な手法です．予測精度も高く，また基本アイデアはシンプルで実装も簡単です．本章では行列分解の基本的なアイデア，アルゴリズム，拡張について説明します．

4.1 準備

本章より使用する表記を導入します．

転置 行列 A の転置を $A^\top$ と表記します．
縦ベクトルと横ベクトル 特に言及しない限り，任意のベクトル $a \in \mathbb{R}^I$ は縦に並ぶもの，すなわち $I \times 1$ 行列として扱います．向きを変えたい場合，すなわち $1 \times I$ 行列として扱いたい場合は転置記号を用いて $a^\top$ と表記します．
インデックス集合（添字集合） ある自然数 $N \in \mathbb{N}$ について，1 から N までの自然数の集合を $[N] = \{1, 2, \ldots, N\}$ と表記します．
単位行列とゼロ行列 $N \times N$ の単位行列を I_N と表記します．またすべての

要素の値が 0 で与えられる $N \times N$ 行列を $\boldsymbol{O}_N$ と表記します．ただしサイズが文脈より明らかな場合はそれぞれ省略して $\boldsymbol{I}, \boldsymbol{O}$ と表記します．

インデックス ある $I \times J$ 行列 $\boldsymbol{A}$ が与えられたとき，i 番目 ($i \in [I]$) の行ベクトルを $\boldsymbol{a}_{i:}^\top = (a_{i1}, a_{i2}, \cdots, a_{iJ})$，$j$ 番目 ($j \in [J]$) の列ベクトルを $\boldsymbol{a}_{:j} = (a_{1j}, a_{2j}, \cdots, a_{ij}, \cdots, a_{Ij})^\top$ と表記します．また $\boldsymbol{A}$ の (i,j) 成分を $[\boldsymbol{A}]_{ij}$ あるいは a_{ij} と表記します．まとめると以下のような表現になります．

$$\boldsymbol{A} = \begin{pmatrix} a_{11} & a_{12} & \cdots & a_{1J} \\ a_{21} & a_{22} & \cdots & a_{2J} \\ \vdots & \vdots & & \vdots \\ a_{I1} & a_{I2} & \cdots & a_{IJ} \end{pmatrix} = \begin{pmatrix} \boldsymbol{a}_{1:}^\top \\ \boldsymbol{a}_{2:}^\top \\ \vdots \\ \boldsymbol{a}_{I:}^\top \end{pmatrix} = \begin{pmatrix} \boldsymbol{a}_{:1} & \boldsymbol{a}_{:2} & \cdots & \boldsymbol{a}_{:j} \end{pmatrix}$$

また線形代数の表記を以下にまとめます．いずれも標準的な表記ですので，馴染みがある方は読み飛ばし，必要に応じて参照してください．線形代数についてより基礎的な部分から確認したい方は文献[22, 52] などを参照してください．

ベクトルの内積とノルム ベクトル $\boldsymbol{x}, \boldsymbol{y} \in \mathbb{R}^I$ の内積を $\langle \boldsymbol{x}, \boldsymbol{y} \rangle = \sum_{i=1}^{I} x_i y_i$ と定義します．またこの内積から自然に定義される ℓ^2 ノルムを $\|\boldsymbol{x}\| = \sqrt{\langle \boldsymbol{x}, \boldsymbol{x} \rangle}$ と表記します．

行列の内積とノルム 行列 $\boldsymbol{X}, \boldsymbol{Y} \in \mathbb{R}^{I \times J}$ の内積を $\langle \boldsymbol{X}, \boldsymbol{Y} \rangle = \sum_{i=1}^{I} \sum_{j=1}^{J} x_{ij} y_{ij}$ と定義します．またこの内積から自然に定義されるフロベニウスノルムを $\|\boldsymbol{X}\|_{\mathrm{Fro}} = \sqrt{\langle \boldsymbol{X}, \boldsymbol{X} \rangle}$ と表記します．

アダマール積 行列 $\boldsymbol{A}, \boldsymbol{A}' \in \mathbb{R}^{I \times J}$ のアダマール積 $\boldsymbol{A} * \boldsymbol{A}'$ は $I \times J$ 行列を返す演算であり，その (i,j) 成分 ($i \in [I], j \in [J]$) の値は $a_{ij} a'_{ij}$ で与えられるとします．

ベクトルと行列の積 $K \in \mathbb{N}$ に対し，ベクトル $\boldsymbol{a}, \boldsymbol{a}' \in \mathbb{R}^I, \boldsymbol{b} \in \mathbb{R}^J$ および行列 $\boldsymbol{A} \in \mathbb{R}^{I \times J}, \boldsymbol{B} \in \mathbb{R}^{J \times K}$ が与えられたときこれらの積は以下のように与えられるとします．

- $\boldsymbol{a}^\top \boldsymbol{a}'$ はスカラを返し，その値は $\langle \boldsymbol{a}, \boldsymbol{a}' \rangle$
- $\boldsymbol{a} \boldsymbol{b}^\top$ は $I \times J$ 行列を返し，その (i,j) 成分 ($i \in [I], j \in [J]$) の値は $a_i b_j$

- $\boldsymbol{Ab}$ は I 次元ベクトルを返し，その $i \in [I]$ 番目の値は $\boldsymbol{a}_{i:}^\top \boldsymbol{b}$
- $\boldsymbol{AB}$ は $I \times K$ 行列を返し，その (i,j) 成分 $(i \in [I], j \in [J])$ の値は $\boldsymbol{a}_{i:}^\top \boldsymbol{b}_{:k}$

ランク 行列 $\boldsymbol{A} \in \mathbb{R}^{I \times J}$ に対し，非ゼロな固有値の数[*1] を $\boldsymbol{A}$ のランクと呼びます．定義より $\boldsymbol{A}$ のランクは 0 以上かつ $\min(I, J)$ 以下です．

微分 $\theta \in \mathbb{R}$ を引数にとる 1 回微分可能な関数 $f : \mathbb{R} \to \mathbb{R}$ に対し，導関数を $\frac{\partial f}{\partial \theta}$，またある点 $\theta' \in \mathbb{R}$ における微分係数を $\frac{\partial f}{\partial \theta}|_{\theta=\theta'}$ と表記します．

勾配 $\boldsymbol{\theta} \in \mathbb{R}^I$ を引数にとる 1 回微分可能な関数 $g : \mathbb{R}^I \to \mathbb{R}$ に対し，ある次元 $i \in [I]$ に関する偏導関数を $\frac{\partial g}{\partial \theta_i}$ と表記します．すべての次元に関する偏微分をまとめたものを勾配と呼び，$\nabla g = (\frac{\partial g}{\partial \theta_1}, \frac{\partial g}{\partial \theta_2}, \ldots, \frac{\partial g}{\partial \theta_I})^\top$ と表記します．また，ある点 $\boldsymbol{\theta}' \in \mathbb{R}^I$ における勾配の値を $\nabla g(\boldsymbol{\theta}') = (\frac{\partial g}{\partial \theta_1}|_{\boldsymbol{\theta}=\boldsymbol{\theta}'}, \frac{\partial g}{\partial \theta_2}|_{\boldsymbol{\theta}=\boldsymbol{\theta}'}, \ldots, \frac{\partial g}{\partial \theta_I}|_{\boldsymbol{\theta}=\boldsymbol{\theta}'})^\top$ と表記します．

4.2 単純行列分解

1.5.1 項で述べた映画推薦の例ではデータが「顧客が行，映画が列として並び，要素の値が評価値となるような行列」として与えられました．この行列のサイズは非常に大きなものになりうることに注意してください．町のレンタルビデオ店のように顧客数が多くなければ問題となりませんが，Amazon や Netflix のように世界中で展開しているようなインターネットサービスであれば数千万もの顧客をかかえることもあります．また映画に関しても毎年新しい映画が公開されていくことを考えると，年々その総数は大きくなっていくのは間違いありません．そのような状況の中で映画評価をそのまま生の値で保持していくのは，その規模の大きさゆえ難しい場合が考えられます．なにかよい方法はないでしょうか．

解決策の 1 つとして，データを圧縮することを考えましょう．顧客数を $I \in \mathbb{N}$，映画数を $J \in \mathbb{N}$ とします．このとき顧客 $i \in [I]$ による映画 $j \in [J]$ の評価を x_{ij} とおくと，これを集めたものは $I \times J$ 行列 $\boldsymbol{X}$ として表現できます．ここで x_{ij} の値が高ければ高いほど評価が高いことを示すとします．さて，ここである架空の顧客である $a \in [I]$ さんのことを考えます．a さんは

[*1] 固有値の定義については 2.3.3 項を参照してください．

映画マニアで，公開されているありとあらゆる映画を見たことがあり，それらすべてについて評価をつけているような人です．また a さんは派手な映画が好きで，特にアクションシーンが多くある映画には高評価をつけます．一方，ホラーは苦手で，そのような映画も見ることは見ますが必ず低評価をつけます．このようなとき，もし映画のジャンルが事前にわかっていれば a さんの評価はある程度予想することができるのではないでしょうか．すなわちある映画 $j \in [J]$ についてホラー成分があれば 1，なければ 0 をとるような変数 $v_{j,\text{ホラー}}$ と，同じくアクション成分があれば 1，なければ 0 をとるような変数 $v_{j,\text{アクション}}$ があったとすると，顧客 a さんの映画 j に対する評価は，たとえば

$$x_{aj} \simeq v_{j,\text{アクション}} - v_{j,\text{ホラー}} \tag{4.1}$$

のように予測できるでしょう．すなわち評価 x_{aj} は，もし映画 j がアクションでかつホラーでなければ 1，ホラーでかつアクションでなければ -1，それ以外の場合は 0 となるようなモデルです．

さて，a さんだけでなくほかの顧客のことも考えてみましょう．ほかの顧客の中には a さんと同じような嗜好 (アクション好き，ホラー嫌い) をもつ人もいるでしょうが，なかには正反対な嗜好 (ホラー好き，アクション嫌い) をもつ人もいるはずです．このことを考えると，アクション好きの度合い，またホラー好きの度合いを表現するような変数 $u_{i,\text{アクション}}, u_{i,\text{ホラー}}$ を $i \in [I]$ について用意することで，a さん専用だった予測式 (4.1) を以下のように一般化できます．

$$x_{ij} \simeq u_{i,\text{アクション}} v_{j,\text{アクション}} + u_{i,\text{ホラー}} v_{j,\text{ホラー}}$$

このように，すべての顧客のアクション，ホラーの好き具合 (全部で $2I$ 個の情報) とすべての映画のアクション，ホラー成分 (全部で $2J$ 個の情報) がわかっていたとすると，すべての評価はたかだか $2(I+J)$ 個の情報から復元できてしまうことがわかります．I と J が同じスピードで増えるとすると，すべての評価の数は IJ 個なので，2 乗オーダから線形オーダへと大幅に情報を圧縮できたといえます．

上記の例では映画の評価が「アクションとホラー」という 2 つの評価軸のみから決まるという極端な場合を考えていましたが，現実はもっと複雑で

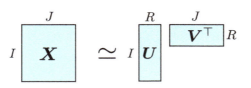

図 4.1 行列分解.

す．より一般の場合を考え，$R \in \mathbb{N}$ 個の評価軸が存在すると仮定しましょう．評価 x_{ij} はすべての顧客 $i \in [I]$，すべての映画 $j \in [J]$ に対して観測されているとし*2，これをまとめて $\boldsymbol{X} \in \mathbb{R}^{I \times J}$ と表記します．顧客 i の R 個の嗜好をまとめたものを $\boldsymbol{u}_{i:} \in \mathbb{R}^R$，またそれを行方向にまとめたものを $\boldsymbol{U} \in \mathbb{R}^{I \times R}$ とします．同様に映画 j の R 個の成分をまとめたものを $\boldsymbol{v}_{j:} \in \mathbb{R}^R$，またそれを行方向にまとめたものを $\boldsymbol{V} \in \mathbb{R}^{J \times R}$ とします．このとき，$x_{ij} \simeq \sum_{r=1}^{R} u_{ir} v_{jr} = \boldsymbol{u}_{i:}^\top \boldsymbol{v}_{j:}$ であり，これを $i \in [I], j \in [J]$ についてまとめると以下のように書くことができます．

$$\boldsymbol{X} \simeq \boldsymbol{U}\boldsymbol{V}^\top \tag{4.2}$$

このとき，IJ 個の成分をもつ $\boldsymbol{X}$ は IR 個の成分をもつ $\boldsymbol{U}$ と JR 個の成分をもつ $\boldsymbol{V}$ の積によって表現され，仮に $I = J$ とすると，R が I よりも十分小さい場合は情報が I^2 から $2IR$ へと $2R/I (\ll 1)$ 倍に縮約されたといえます (図 4.1).

$\boldsymbol{X}$ を式 (4.2) の形に分解することを $\boldsymbol{X}$ の**ランク R 行列分解 (rank-R matrix decomposition)**，また $\boldsymbol{U}$ と $\boldsymbol{V}$ を**因子行列 (factor matrix)** と呼びます．

> **注意**
>
> 行列分解の名前に「ランク R」とついているとおり，$\boldsymbol{U}, \boldsymbol{V}$ がいずれもランク R であれば，$\boldsymbol{U}\boldsymbol{V}^\top$ もランク R となります．

---

*2 $\boldsymbol{X}$ に未観測の要素，すなわち欠損値が含まれている場合については 4.5 節で議論します．

4.2.1 目的関数

さて，上の例では U は顧客の嗜好，V は映画のジャンル別成分を表しているとし，またそれらはこちら側で使える情報として与えられていると仮定しました．しかしながら現実にはこのような情報が使えることはまれで，分解を求める (すなわち情報を圧縮する) には U, V は X から求める必要があります．では，どうやって U および V を求めればいいのでしょうか．もちろんでたらめな U や V を求めたいわけではなく，圧縮の精度を高めるため，X をうまく表現できるような U と V を求めることが目的となります．「X をうまく表現する」とはどういうことなのか，さまざまな捉えかたがありますが，1 つの考えかたとしては X と $UV^\top$ の差が小さければ $UV^\top$ は「X をうまく表現している」といえるでしょう．以降，この差を近似誤差 (あるいは単に誤差) と呼び，

$$E = X - UV^\top$$

と表記します．E の各要素が 0 に近ければ近いほど $UV^\top$ が X のよい近似であることを示しています．

しかし，まだ決めるべき問題があります．「誤差 E が小さい」といったとき，E の大小はどのように測ればいいでしょうか．これは一意に決まるものではなく，さまざまな測りかたが考えられますが，機械学習においては絶対誤差と 2 乗誤差がよく用いられます．絶対誤差は全要素の絶対値の和 ($\sum_{i=1}^{I} \sum_{j=1}^{J} |e_{ij}|$) として定義されます．2 乗誤差は全要素の 2 乗の和 ($\|E\|_{\mathrm{Fro}}^2$) として定義されます．絶対値誤差は E の各成分の大きさに比例する形で誤差を計測するため，たとえ E の一部が大きな値をとったとしても全体としてはそれほど大きくなりません．そのため X の一部に大きな値をとる異常値がまぎれこんでいた場合でも影響を受けにくくなります．反対に 2 乗誤差は各成分の大きさの 2 乗で誤差を計測するため，このような異常値の影響を受けやすくなります．一方，2 乗誤差は実数空間全体でなめらかな関数となっているため微分が常に定義され，微分を用いた連続最適化の技法を使うことができます．本章ではこの利点を活かし，2 乗誤差を採用することにします．

これまでの議論により，行列分解は固定した R のもと E の 2 乗誤差が最小となるような U と V を求める問題として定式化されました．これは数式

を使って以下のように書くことができます．

$$\min_{U,V} \frac{1}{2}\|E\|_{\mathrm{Fro}}^2 = \min_{U,V} \frac{1}{2}\|X - UV^\top\|_{\mathrm{Fro}}^2 \tag{4.3}$$

ほかの行列分解と区別するため，本書では問題 (4.3) を**単純行列分解 (simple matrix decomposition)** と呼ぶことにします．

注意

式 (4.3) の 2 乗誤差の前に係数 1/2 がついています．これは後に説明する微分の係数をキャンセルするために形式的に導入したものです．1/2 に限らず，0 以上の値であれば 2 乗誤差の係数によって解はいっさい変化しないことに注意してください．

4.2.2 最適化

式 (4.3) で定義された目的関数は連続かつ下に有界であるため，その導関数が 0 となるような U, V をすべて求めれば，そのうち少なくとも 1 つは最適解となります．残念ながら，導関数を 0 としたときの連立方程式は代数的に解くことはできず，以下のような別の方法が必要となります．

特異値分解 本書では詳細を省きますが，問題 (4.3) の解は**特異値分解 (singular value decomposition)** によって求めることができます．特異値分解は LAPACK(Linear Algebra PACKage)[*3] など，十分に信頼性の高い，効率的な実装が複数提供されています．また解も通常一意に定まります．ただし，特異値分解は式 (4.3) の形を最適化することに特化しているため，ほかの目的関数の解を求めるのには適していません．また X に欠損値が含まれている場合，一般に特異値分解をそのまま適用することはできません．

勾配法による最適化 この方法は，勾配さえ計算できればどのような目的関数にも適用できます．また制約の追加も比較的容易です．さらに確率勾配法 (4.4.4 項) とあわせることで計算効率性を高めることができ，X が大規模な場合に威力を発揮します．一方，R が 2 以上の場合[*4]，解には初期値依存性

[*3] http://www.netlib.org/lapack/
[*4] $R = 1$ かつ X のランクが 1 以上のとき問題 (4.3) は凸ですが，それ以外の場合は非凸になるためです．凸最適化の一般的なトピックについては文献[31] を参照してください．

があり，毎回同じ解が求まるとは限りません．

4.2.3 類似度としての解釈

冒頭で映画評価 X を圧縮する問題を考えたとき，U は顧客，V は映画の特徴を表すようなもので，ともに使える情報として与えられていた状況を考えていました．一方，行列分解の問題では，X のみが与えられたもとで式 (4.3) を解き U, V を求めます．いったい行列分解は何をやっていることになるのでしょうか．行列分解で得られた U, V はどのような解釈ができるのでしょうか．

より具体的に理解するため，式を追って説明します．式 (4.2) を X の要素ごとに分解すると以下のように書き直せます．

$$x_{ij} = \boldsymbol{u}_{i:}^\top \boldsymbol{v}_{j:} + e_{ij} \tag{4.4}$$

ここで簡単のため $\boldsymbol{u}_{i:}$ と $\boldsymbol{v}_{j:}$ のノルムは 1 に正規化されている (すべての $i \in [I], j \in [J]$ について $\|\boldsymbol{u}_{i:}\| = \|\boldsymbol{v}_{j:}\| = 1$) と仮定します．このとき，$\boldsymbol{u}_{i:}^\top \boldsymbol{v}_{j:}$ は正規化されたベクトル同士の内積であり，映画 i と顧客 j の**類似度 (similarity)** として解釈できます．すなわち $\boldsymbol{u}_{i:}$ と $\boldsymbol{v}_{j:}$ が同じ方向を向いていたら 1，反対の方向を向いていたら -1 の値をとります．また x_{ij} の値も -1 から 1 の間を取るように正規化されているとします[*5]．この解釈のもと，式 (4.4) は以下のように書き直せます．

$$\text{映画 } i \text{ に対する顧客 } j \text{ の評価} = \text{映画 } i \text{ と顧客 } j \text{ の類似度} + \text{誤差} \tag{4.5}$$

見やすいように映画 i と顧客 j の類似度を $\text{sim}(\boldsymbol{u}_{i:}, \boldsymbol{v}_{j:})$ と書くとすると，式 (4.5) の誤差は $x_{ij} - \text{sim}(\boldsymbol{u}_{i:}, \boldsymbol{v}_{j:})$ なので，「誤差を小さくする」ということは「x_{ij} と $\text{sim}(\boldsymbol{u}_{i:}, \boldsymbol{v}_{j:})$ をできるだけ近くする」ことに対応することがわかります．すなわち，顧客 i が映画 j を高く評価するようであれば $\boldsymbol{u}_{i:}$ と $\boldsymbol{v}_{j:}$ をできるだけ同じ方向になるように，反対に低く評価するようであれば $\boldsymbol{u}_{i:}$ と $\boldsymbol{v}_{j:}$ をできるだけ反対方向になるように決めてやるということです．

このようにして得られた U と V は，ある意味で顧客と映画の特徴を捉えたものだと解釈することができます．例として 4.2 節で登場した「アクショ

[*5] 1 点から 5 点までの 5 段階評価である映画評価の場合，x_{ij} を $2(x_{ij}/5) - 1$ のように変換すればこの条件を満たします．

ン好き，ホラー嫌い」な a さんについてふたたび考えてみましょう．今，映画 j のホラー要素，ロマンス要素，などを R 項目選び，評論家にそれぞれを記入してもらったとし，それが R 次元のベクトル $v_{j:}$ (これを特徴ベクトルと呼びます) で表現されているとします．これをすべての映画について集め，a さんが記入した評価 $x_{a:}$ と合わせて誤差最小化により $u_{a:}$ を求めることを考えましょう．これは数式としては $\mathrm{argmin}_{u_{a:}} \|x_{a:} - V u_{a:}\|^2$ と書けます．このとき求められた R 次元ベクトル $u_{a:}$ は，$x_{a:}$ によって表現される a さんの嗜好性からアクション系映画の特徴ベクトルに近く，またホラー系映画の特徴ベクトルとは異なるような表現が得られることになります．このことから，もし V がうまく映画の特徴を捉えていたなら，U にも顧客の特徴を捉えた表現が求まることがわかります．実際の行列分解では V も同時に推定しますが，基本的には同じように考えることができます．このようにして得られた U, V のことを潜在空間と呼びます．

注意

上記の V のように専門家によって映画の特徴ベクトルが与えられる場合，それらは映画推薦にとても役立つ情報だといえます．たとえばホラー好きの顧客にはホラー要素の高い映画を推薦すれば高い確率で満足してもらえるでしょう．しかしながらこのように細かい属性を得ようとすると専門家への報酬など大きなコストがかかってしまいます．行列分解はこのような特徴ベクトルを映画評価から逆推定する方法だと捉えることができます．

4.3 さまざまな行列分解

式 (4.3) は行列分解の最も基本的な形です．これだけだとやや単純過ぎるため，実際にはデータの特徴に合わせて拡張した手法が使われることがあります．その中でもよく使われるものを紹介します．

4.3.1 ℓ^2 正則化行列分解

単純行列分解 (4.3) では最小化の対象として誤差のみに着目していました．

しかし，場合によっては単純に誤差のみを最小化してしまうと悪い結果を招いてしまいます．例として X に大きいノイズが加わっている状況を考えましょう．我々が観測できるのはあくまでも X であり，ノイズについては何もわかりません．この状況下で誤差のみを最小化すると，我々が本来知りたかった情報に加えてノイズ成分までも U や V に取り込んでしまう，すなわち過学習の危険があります．

この問題はどのように回避すればよいでしょうか．1つの方法は**正則化**(**regularization**)を使うことです．正則化とはパラメータである U や V に対し何らかの制約を入れることで解の範囲を狭め，過学習を防ぐ技法です．正則化の入れかたにはさまざまなバリエーションが存在しますが，ここでは最も簡単なものとして U と V の各成分の大きさを目的関数に追加し，誤差と U, V を両方とも小さくすることを考えましょう．U と V の大きさを制限することにより，$UV^\top$ が X に過剰に適合することを防ぐことができます．

U と V の大きさを誤差と同じくフロベニウスノルムで測るとすると，正則化を加えた問題は以下のように書くことができます．

$$\min_{U,V} \frac{1}{2}\|X - UV^\top\|_{\mathrm{Fro}}^2 + \frac{\lambda}{2}(\|U\|_{\mathrm{Fro}}^2 + \|V\|_{\mathrm{Fro}}^2) \tag{4.6}$$

$\lambda \geq 0$ は正則化の強さを決定する係数です．式 (4.6) より $\lambda = 0$ のとき単純行列分解 (4.3) と等価になることがわかります．また λ が大きければ大きいほど誤差よりも U と V を小さくする力が大きく働くことになります．本書では問題 (4.6) を ℓ^2 **正則化行列分解** (ℓ^2-**regularized matrix decomposition**) と呼びます．

4.3.2 非負行列分解

これまで X の各成分は (主に数学的な便利さから) 実数全体をとるものとして考えてきました．しかしながら，解析したい対象によっては実数全体よりも狭いクラスに限定できる場合があります．非負行列 (すべての i, j について $x_{ij} \geq 0$ となるような行列) はその典型例です．X が非負行列として与えられている場合，もちろん通常の行列分解を使うこともできますが，データの性質によっては U と V の各成分に非負の制約を加えることでいくつか

の恩恵が受けられる場合があります．

例として I 個の文書からなるテキストデータを考えましょう．これらの文書に登場する単語はたかだか J 種類であり，それぞれの単語には $1, \ldots, J$ までのインデックスが一意に割り当てられているとします．このようなデータに対し，各文書につき各単語が何回出現したかを数え，その結果をまとめて $\boldsymbol{Z} \in \mathbb{N}^{I \times J}$ とします．すなわち z_{ij} には文書 i に単語 j が出現した頻度が格納されているとします．さらに，全文書に出現した単語の総数（重複を含む）を $T = \sum_{i=1}^{I} \sum_{j=1}^{J} z_{ij}$ とし，これで $\boldsymbol{Z}$ の各要素を割ったものを $\boldsymbol{X} = \frac{1}{T}\boldsymbol{Z}$ と定義します．定義より $\boldsymbol{X}$ の各成分の総和は 1 になるので，これは確率だとみなすことができます．より具体的には文書と単語の同時確率，すなわち

$$x_{ij} = p(\text{文書}\, i, \text{単語}\, j)$$

とみなせます．定義より $\boldsymbol{X}$ はすべての値が 0 以上 1 以下であり，非負となります．

さて，このように作られた $\boldsymbol{X}$ は何を表現しているでしょうか．

例として行方向に見てみましょう．$\boldsymbol{X}$ の i 番目の行ベクトル $\boldsymbol{x}_{i:}$ は文書 i に出現する単語の (正規化されていない) 確率分布として捉えられます．たとえば文書 i が和食に関する料理本だったとすると，「だし」や「醤油」や「卵」といった和食に関連する単語が頻出すると考えられ，該当する $\boldsymbol{x}_{i:}$ の値は高くなります．一方文書 i' が本書のような機械学習に関する技術書だったとすると，このような料理に関する単語はいっさい現れず，逆に「行列」や「ネットワーク」や「学習」といった技術系の単語が頻出単語の上位を占めることになるでしょう．さらに，もし「機械学習を用いた和食レシピの自動生成」というタイトルの論文が存在すれば，単語の確率分布はきっと料理系と技術系の頻出単語をあわせたようなものになるでしょう．これらの観察は以下のことがらを暗に示しています．

- 単語の確率分布は，「料理」や「技術」といったカテゴリごとに典型的なパターンをもつ．
- 文書における単語の確率分布は，上記パターンの組み合わせで表現される．

このことは同時分布の性質を使って以下のように自然に書くことができます．

$$p(\text{文書 } i, \text{単語 } j) = \sum_{r=1}^{R} p(\text{パターン } r) p(\text{文書 } i, \text{単語 } j \mid \text{パターン } r)$$

ここで R はパターンの総数，$p(\text{パターン } r)$ はパターン r が全パターンに占める割合を表すとします．ここで，単語の確率分布はパターンが決まったもとではもはや文書に依存しないとすると，さらに以下のように展開できます．

$$p(\text{文書 } i, \text{単語 } j)$$
$$= \sum_{r=1}^{R} p(\text{パターン } r) p(\text{文書 } i \mid \text{パターン } r) p(\text{単語 } j \mid \text{パターン } r) \quad (4.7)$$

ここで $u_{ir} = p(\text{パターン } r)p(\text{文書 } i|\text{パターン } r), v_{jr} = p(\text{単語 } j|\text{パターン } r)$ とすると，式 (4.7) はまさに行列分解として解釈できます．ただし，ここでは u_{ir} と v_{jr} はそれぞれ確率であるため，非負である必要があります．このような分解は以下のように定式化できます．

$$\min_{\boldsymbol{U} \in \mathbb{R}_+^{I \times R}, \boldsymbol{V} \in \mathbb{R}_+^{J \times R}} \frac{1}{2} \|\boldsymbol{X} - \boldsymbol{U}\boldsymbol{V}^\top\|_{\text{Fro}}^2 \quad (4.8)$$

ここで $\mathbb{R}_+$ は 0 以上の実数の空間とします．問題 (4.8) を**非負行列分解 (non-negative matrix decomposition)** と呼びます (図 4.2)．

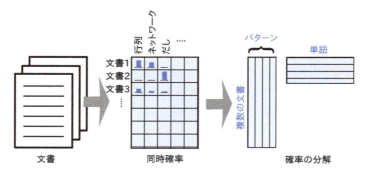

図 4.2　文書・単語行列の分解．

> **注意**
>
> 自然言語処理の分野においては，このパターンのことを「トピック」，行列 $\boldsymbol{X}$ (あるいは $\boldsymbol{Z}$) からトピックを推定することを「トピック抽出」と呼びます．一般のトピック抽出法については文献[29, 70]を参照してください．

> **注意**
>
> 式 (4.8) では 2 乗誤差最小化問題として定義しましたが，非負行列分解ではカルバック・ライブラー疑距離などほかの誤差関数が使われる場合もあります[45, 71]．

4.4 アルゴリズム

前節で紹介した行列分解はもはや特異値分解では求めることはできず，より汎用的な方法である「勾配法による最適化」が必要となります．本節ではその導出手順やアルゴリズムについて紹介します．

4.4.1　1次交互勾配降下法

交互勾配降下法 (alternating gradient descent) は 2 つ以上の変数からなる関数の最適化方法の 1 つです．$K \in \mathbb{N}$ 個の変数 $\boldsymbol{\theta}_1, \ldots, \boldsymbol{\theta}_K$ を引数にとる関数 $h(\boldsymbol{\theta}_1, \ldots, \boldsymbol{\theta}_K) \in \mathbb{R}$ に対し，交互勾配降下法は以下のように変数を更新します：$k \in [K]$ に対し，

$$\boldsymbol{\theta}_k^{\text{new}} = \boldsymbol{\theta}_k - \eta \nabla_{\boldsymbol{\theta}_k} h(\boldsymbol{\theta}_1^{\text{new}}, \ldots, \boldsymbol{\theta}_{k-1}^{\text{new}}, \boldsymbol{\theta}_k, \boldsymbol{\theta}_{k+1}, \ldots, \boldsymbol{\theta}_K)$$

ここで $\eta > 0$ は**学習率 (learning rate)** と呼ばれる最適化パラメータです．

> **注意**
>
> η は1回の更新においてその勾配方向にどれだけ進むか,その幅を決めるパラメータです.そのため,η が小さすぎると変数が少ししか変化せず,固定点にたどりつくまでに多くの反復数が必要となってしまいます.一方,η が大きすぎると1回の更新で固定点を飛び越してしまい,解が発散,あるいは振動する危険性があります.実用上は η は,小さい値(たとえば $\eta = 0.01$)からはじめて,アルゴリズムの挙動を観察しつつ徐々に大きくしていくのがよいでしょう.もしくは次節で紹介する,関数の2次の情報を用いる勾配法は η の値に影響されづらいため,そちらを使うとよいでしょう.

では ℓ^2 正則化行列分解 (4.6) の交互勾配降下法による最適化を考えましょう.まず勾配を導出します.フロベニウスノルムの定義より,式 (4.6) は $\bm{X}$ の各成分に関する和として書き直すことができます.

$$f_{\ell^2}(\bm{U}, \bm{V}) \equiv \frac{1}{2}\sum_{i=1}^{I}\sum_{j=1}^{J}(x_{ij} - y_{ij})^2 + \frac{\lambda}{2}\sum_{r=1}^{R}\left(\sum_{i=1}^{I}u_{ir}^2 + \sum_{j=1}^{J}v_{jr}^2\right) \quad (4.9)$$

ここで $y_{ij} = \bm{u}_{i:}^\top \bm{v}_{j:}$ とします.これを $\bm{U}$ の1要素 $u_{i'r'}$ ($i' \in [I], r' \in [R]$) に関して微分すると,連鎖律より以下の導関数が得られます.

$$\begin{aligned}
\frac{\partial f_{\ell^2}}{\partial u_{i'r'}} &= \frac{1}{2}\sum_{i=1}^{I}\sum_{j=1}^{J}\frac{\partial(x_{ij} - y_{ij})^2}{\partial u_{i'r'}} + \frac{\lambda}{2}\sum_{r=1}^{R}\sum_{i=1}^{I}\frac{\partial u_{ir}^2}{u_{i'r'}} \\
&= \sum_{j=1}^{J}(x_{i'j} - y_{i'j})\frac{-\partial y_{i'j}}{\partial u_{i'r'}} + \lambda u_{i'r'} \\
&= -\sum_{j=1}^{J}(x_{i'j} - y_{i'j})v_{jr'} + \lambda u_{i'r'} \\
&= -(\bm{x}_{i':} - \bm{y}_{i':})^\top \bm{v}_{:r'} + \lambda u_{i'r'} \quad (4.10)
\end{aligned}$$

これを $i' \in [I], r' \in [R]$ についてまとめると $\bm{U}$ 全体に関する勾配が以下のように書けます.

4.4 アルゴリズム

$$\nabla_U f_{\ell^2} = -(X - Y)V + \lambda U$$
$$= -XV + U(V^\top V + \lambda I) \qquad (4.11)$$

V に関しても同様に勾配が計算でき，以下の形で求まります．

$$\nabla_V f_{\ell^2} = -X^\top U + V(U^\top U + \lambda I)$$

以上で計算した勾配を用い，U と V を交互に最適化する方法を ℓ^2 正則化行列分解の **1 次交互勾配降下法 (first-order alternating gradient descent method)** と呼びます (アルゴリズム 4.1)．いくつかの条件のもと η が適切に設定されているとき，十分に更新を繰り返すと交互勾配降下法で求めた解は目的関数の固定点[*6]に収束することが保証されています[83]．

アルゴリズム 4.1 ℓ^2 正則化行列分解の交互最適化

入力：行列 $X \in \mathbb{R}^{I \times J}$，ランク $R \in \mathbb{N}$，正則化係数 $\lambda \geq 0$，学習率 $\eta > 0$，精度 $\epsilon > 0$.
出力：因子行列 $U \in \mathbb{R}^{I \times R}, V \in \mathbb{R}^{J \times R}$.
1: U, V を乱数で初期化
2: **repeat**
3: $\quad g \leftarrow f_{\ell^2}(U, V)$
4: $\quad U \leftarrow U - \eta \nabla_U f_{\ell^2}(U, V)$
5: $\quad V \leftarrow V - \eta \nabla_V f_{\ell^2}(U, V)$
6: **until** $|g - f_{\ell^2}(U, V)|/f_{\ell^2}(U, V) < \epsilon$

なおアルゴリズム 4.1 に含まれる ϵ は解の精度を決定する最適化パラメータで，この値が小さければ小さいほどこのアルゴリズムは厳密に最適化を行います．また $\leftarrow$ は変数への代入操作を表します．

X が密な場合，交互最適化の 1 反復 (アルゴリズム 4.1 のステップ 3 から 5 まで) あたりの計算量は $O(IJR + (I + J)R^2)$ となります．内訳は，XV および $X^\top U$ が $O(IJR)$，$U(V^\top V + \lambda I)$ および $V(U^\top U + \lambda I)$ が

[*6] 直観的にはすべての変数に関する勾配が 0 になる点のことです．

$O((I+J)R^2)$ となります．ここで $O(IJ)$ の計算は $\boldsymbol{X}$ のすべての要素を数える操作に対応します．この操作は I, J が十分小さければ問題ありませんが，たとえば I, J が数万を越えるようなデータを扱う場合[*7]には大きな問題となります．これに比べると $O((I+J)R)$ は無視できる量です．

一方，$\boldsymbol{X}$ が疎な場合は計算量はこれよりも少なくなります．$\boldsymbol{X}$ の非ゼロ成分の数を N とすると，$\boldsymbol{XV}$ および $\boldsymbol{X}^\top \boldsymbol{U}$ の計算量が $O(NR)$ ですむため，全体の計算量は $O(NR + (I+J)R^2)$ となります．N が IJ に比べて十分小さい場合，I や J が大きな場合でも計算できる場合があります．

ヒント

今回の行列分解のように，変数が行列になっていてそれに関する微分を考えるとき，行列のまま微分をとろうとすると必要以上に難しくなってしまう場合があります．そのようなときは，式 (4.6) から式 (4.9) のように，まず行列積などを要素ごとの和に変換し目的関数をスカラ変数で書き直してみましょう．そうすると微分が計算しやすくなります．そのうえで，式 (4.10) のようにまずは変数の 1 要素 (例：$u_{i'r'}$) に限定して微分を計算してみましょう．1 要素について微分がとれれば，あとはインデックスを変えて行列全体 (あるいは行ベクトルまたは列ベクトル) にまとめることが比較的簡単にできます．特殊な関数の微分 ($\log \det |\boldsymbol{X}|$ など) については文献[64]が参考になります．

4.4.2 疑似 2 次交互勾配降下法

1 次交互勾配降下法は更新式が単純な形で導出され，実装も比較的容易です．一方，目的関数の 1 階微分 (勾配) の情報しか用いていないため，収束が遅い場合があります．このような場合，1 階微分に加えて 2 階微分の情報を用いて収束を速くする方法が考えられます．$\boldsymbol{\theta} \in \mathbb{R}^D (D \in \mathbb{N})$ を引数にとる 2 回微分可能な関数 $g : \mathbb{R}^D \to \mathbb{R}$ に対し，ある点 $\boldsymbol{\theta}' \in \mathbb{R}^D$ におけるすべての座標のペア ($[D] \times [D]$) に関する 2 階微分の情報を考えましょう．これは勾配記号 ∇ を微分作用素が並んだベクトル $\nabla = (\frac{\partial}{\partial \theta_1}, \frac{\partial}{\partial \theta_2}, \ldots, \frac{\partial}{\partial \theta_D})^\top$ として解釈すると以下のように書くことができます．

[*7] たとえば Netflix データは I が約 50 万，J が約 2 万のオーダです．

$$\nabla\nabla^\top g(\boldsymbol{\theta}') = \begin{pmatrix} \frac{\partial}{\partial \theta_1} \\ \frac{\partial}{\partial \theta_2} \\ \vdots \\ \frac{\partial}{\partial \theta_D} \end{pmatrix} \left(\frac{\partial g}{\partial \theta_1}|_{\boldsymbol{\theta}=\boldsymbol{\theta}'}, \frac{\partial g}{\partial \theta_2}|_{\boldsymbol{\theta}=\boldsymbol{\theta}'}, \cdots, \frac{\partial g}{\partial \theta_D}|_{\boldsymbol{\theta}=\boldsymbol{\theta}'} \right)$$

$$= \begin{pmatrix} \frac{\partial^2 g}{\partial \theta_1 \partial \theta_1}|_{\boldsymbol{\theta}=\boldsymbol{\theta}'} & \frac{\partial^2 g}{\partial \theta_1 \partial \theta_2}|_{\boldsymbol{\theta}=\boldsymbol{\theta}'} & \cdots & \frac{\partial^2 g}{\partial \theta_1 \partial \theta_D}|_{\boldsymbol{\theta}=\boldsymbol{\theta}'} \\ \frac{\partial^2 g}{\partial \theta_2 \partial \theta_1}|_{\boldsymbol{\theta}=\boldsymbol{\theta}'} & \frac{\partial^2 g}{\partial \theta_2 \partial \theta_2}|_{\boldsymbol{\theta}=\boldsymbol{\theta}'} & \cdots & \frac{\partial^2 g}{\partial \theta_2 \partial \theta_D}|_{\boldsymbol{\theta}=\boldsymbol{\theta}'} \\ \vdots & \vdots & \ddots & \vdots \\ \frac{\partial^2 g}{\partial \theta_D \partial \theta_1}|_{\boldsymbol{\theta}=\boldsymbol{\theta}'} & \frac{\partial^2 g}{\partial \theta_D \partial \theta_2}|_{\boldsymbol{\theta}=\boldsymbol{\theta}'} & \cdots & \frac{\partial^2 g}{\partial \theta_D \partial \theta_D}|_{\boldsymbol{\theta}=\boldsymbol{\theta}'} \end{pmatrix}$$

ここで $\nabla\nabla^\top g(\boldsymbol{\theta}')$ は $\boldsymbol{\theta}'$ における**ヘッセ行列 (Hessian matrix)** と呼ばれます．ニュートン法はヘッセ行列を用いて逐次的に最適化する方法で，更新式は以下のように与えられます．

$$\boldsymbol{\theta}^{\text{new}} = \boldsymbol{\theta} - \eta(\nabla\nabla^\top g(\boldsymbol{\theta}))^{-1}\nabla g(\boldsymbol{\theta}) \tag{4.12}$$

一般にニュートン法による更新は，通常の勾配法に比べて収束速度が速いことが知られています[31]．一方，更新にはヘッセ行列の逆行列が必要であるため，高次元な問題になりやすい行列分解においては計算量が問題となります．例として ℓ^2 正則化行列分解 (4.6) のヘッセ行列を考えてみましょう．行列分解には $\boldsymbol{U}$ と $\boldsymbol{V}$ の 2 つの変数が関係するため，ヘッセ行列は $\boldsymbol{U}$ と $\boldsymbol{U}$，$\boldsymbol{V}$ と $\boldsymbol{V}$，$\boldsymbol{U}$ と $\boldsymbol{V}$，の 3 パターンを考える必要があります．これらをそれぞれ $\boldsymbol{\Phi}, \boldsymbol{\Psi}, \boldsymbol{\Xi}$ とすると，具体的には以下のように書けます．

$$\boldsymbol{\Phi} = \begin{pmatrix} \nabla_{\boldsymbol{u}_1:}\nabla_{\boldsymbol{u}_1:}^\top & \nabla_{\boldsymbol{u}_1:}\nabla_{\boldsymbol{u}_2:}^\top & \cdots & \nabla_{\boldsymbol{u}_1:}\nabla_{\boldsymbol{u}_I:}^\top \\ \nabla_{\boldsymbol{u}_2:}\nabla_{\boldsymbol{u}_1:}^\top & \nabla_{\boldsymbol{u}_2:}\nabla_{\boldsymbol{u}_2:}^\top & \cdots & \nabla_{\boldsymbol{u}_2:}\nabla_{\boldsymbol{u}_I:}^\top \\ \vdots & \vdots & \ddots & \vdots \\ \nabla_{\boldsymbol{u}_I:}\nabla_{\boldsymbol{u}_1:}^\top & \nabla_{\boldsymbol{u}_I:}\nabla_{\boldsymbol{u}_2:}^\top & \cdots & \nabla_{\boldsymbol{u}_I:}\nabla_{\boldsymbol{u}_I:}^\top \end{pmatrix} f_{\ell^2}$$

$$\boldsymbol{\Psi} = \begin{pmatrix} \nabla_{\boldsymbol{v}_1:}\nabla_{\boldsymbol{v}_1:}^\top & \nabla_{\boldsymbol{v}_1:}\nabla_{\boldsymbol{v}_2:}^\top & \cdots & \nabla_{\boldsymbol{v}_1:}\nabla_{\boldsymbol{v}_J:}^\top \\ \nabla_{\boldsymbol{v}_2:}\nabla_{\boldsymbol{v}_1:}^\top & \nabla_{\boldsymbol{v}_2:}\nabla_{\boldsymbol{v}_2:}^\top & \cdots & \nabla_{\boldsymbol{v}_2:}\nabla_{\boldsymbol{v}_J:}^\top \\ \vdots & \vdots & \ddots & \vdots \\ \nabla_{\boldsymbol{v}_J:}\nabla_{\boldsymbol{v}_1:}^\top & \nabla_{\boldsymbol{v}_J:}\nabla_{\boldsymbol{v}_2:}^\top & \cdots & \nabla_{\boldsymbol{v}_J:}\nabla_{\boldsymbol{v}_J:}^\top \end{pmatrix} f_{\ell^2}$$

$$\boldsymbol{\Xi} = \begin{pmatrix} \nabla_{\boldsymbol{u}_1:}\nabla_{\boldsymbol{v}_1:}^\top & \nabla_{\boldsymbol{u}_1:}\nabla_{\boldsymbol{v}_2:}^\top & \cdots & \nabla_{\boldsymbol{u}_1:}\nabla_{\boldsymbol{v}_J:}^\top \\ \nabla_{\boldsymbol{u}_2:}\nabla_{\boldsymbol{v}_1:}^\top & \nabla_{\boldsymbol{u}_2:}\nabla_{\boldsymbol{v}_2:}^\top & \cdots & \nabla_{\boldsymbol{u}_2:}\nabla_{\boldsymbol{v}_J:}^\top \\ \vdots & \vdots & \ddots & \vdots \\ \nabla_{\boldsymbol{u}_I:}\nabla_{\boldsymbol{v}_1:}^\top & \nabla_{\boldsymbol{u}_I:}\nabla_{\boldsymbol{v}_2:}^\top & \cdots & \nabla_{\boldsymbol{u}_I:}\nabla_{\boldsymbol{v}_J:}^\top \end{pmatrix} f_{\ell^2}$$

全体のヘッセ行列 $\nabla\nabla^\top f_{\ell^2}$ はブロック行列 $\begin{pmatrix} \boldsymbol{\Phi} & \boldsymbol{\Xi} \\ \boldsymbol{\Xi}^\top & \boldsymbol{\Psi} \end{pmatrix}$ と書けます．このブロック行列はサイズが $(I+J)K \times (I+J)K$ と大きくなり，逆行列の計算には $O((I+J)^3 K^3)$ の計算量が必要となります．

もっと効率的に求める方法はないでしょうか．1つの方法としては，全体のヘッセ行列をブロック対角，すなわち $\begin{pmatrix} \boldsymbol{\Phi} & \boldsymbol{O} \\ \boldsymbol{O} & \boldsymbol{\Psi} \end{pmatrix}$ で近似してしまうことが考えられます．ブロック対角行列の性質より，逆行列は今や

$$\begin{pmatrix} \boldsymbol{\Phi} & \boldsymbol{O} \\ \boldsymbol{O} & \boldsymbol{\Psi} \end{pmatrix}^{-1} = \begin{pmatrix} \boldsymbol{\Phi}^{-1} & \boldsymbol{O} \\ \boldsymbol{O} & \boldsymbol{\Psi}^{-1} \end{pmatrix}$$

と，より小さい行列 $\boldsymbol{\Phi}, \boldsymbol{\Psi}$ の逆行列を計算するだけで求めることができます．また，以下で詳しく見ていきますが，$\boldsymbol{\Phi}$ と $\boldsymbol{\Psi}$ 自身もブロック対角な構造をもっているため，より計算量を減らすことができます．

まず $\boldsymbol{\Phi}$ について考えます．式 (4.10) をもう1度 $\boldsymbol{U}$ に関して微分すると，以下のように書けます．

$$\frac{\partial^2 f_{\ell^2}}{\partial u_{ir} \partial u_{i'r'}} = \begin{cases} \boldsymbol{v}_{:r}^\top \boldsymbol{v}_{:r'} + \lambda \mathbb{I}(r=r') & i=i' \text{のとき} \\ 0 & \text{それ以外} \end{cases} \quad (4.13)$$

この式より，行インデックスが異なる場合，その2階微分は値が0になることがわかります．これより，$i \neq i'$ のとき $\nabla_{\boldsymbol{u}_i:}\nabla_{\boldsymbol{u}_{i'}:}^\top f_{\ell^2} = \boldsymbol{O}$ であり，$\boldsymbol{\Phi}$ がブロック対角であることがわかります．またその i 番目のブロック対角成分 ($i \in [I]$) は式 (4.13) を $r, r' \in [R]$ についてまとめることで以下のように書けます．

$$\nabla_{\boldsymbol{u}_i:}\nabla_{\boldsymbol{u}_i:}^\top f_{\ell^2} = \boldsymbol{V}^\top \boldsymbol{V} + \lambda \boldsymbol{I} \quad (4.14)$$

$\boldsymbol{\Psi}$ に関しても同様の結果が得られます．すなわち，$\boldsymbol{\Psi}$ はブロック対角となりその $j \in [J]$ 番目のブロック対角成分は以下のように与えられます．

$$\nabla_{\bm{v}_{j:}}\nabla_{\bm{v}_{j:}}^\top f_{\ell^2} = \bm{U}^\top \bm{U} + \lambda \bm{I}$$

最後に,以上で求めたヘッセ行列の対角近似を用いて 2 次の更新式 (4.12) を導出しましょう.まず $\bm{U}$ について考えます.$\bm{\Phi}$ はブロック対角なのでその逆行列の計算はブロック対角成分 (4.14) の逆行列を求めることに対応します.これを式 (4.12) に代入すると,$\bm{u}_{i:}$ の更新式は以下のようになります.

$$\begin{aligned}
\bm{u}_{i:}^{\text{new}} &= \bm{u}_{i:} - \eta(\nabla_{\bm{u}_{i:}}\nabla_{\bm{u}_{i:}}^\top f_{\ell^2}(\bm{U},\bm{V}))^{-1}\nabla_{\bm{u}_{i:}}f_{\ell^2}(\bm{U},\bm{V}) \\
&= \bm{u}_{i:} - \eta(\bm{V}^\top \bm{V} + \lambda \bm{I})^{-1}(-\bm{V}^\top \bm{x}_{i:} + (\bm{V}^\top \bm{V} + \lambda \bm{I})\bm{u}_{i:}) \\
&= (1-\eta)\bm{u}_{i:} + \eta(\bm{V}^\top \bm{V} + \lambda \bm{I})^{-1}\bm{V}^\top \bm{x}_{i:}
\end{aligned}$$

また $\bm{\Phi}$ のブロック対角成分はインデックス i に依存していないため,更新式を以下のように $\bm{U}$ 全体にまとめることができます.

$$\bm{U}^{\text{new}} = (1-\eta)\bm{U} + \eta \bm{X}\bm{V}(\bm{V}^\top \bm{V} + \lambda \bm{I})^{-1} \tag{4.15}$$

$\bm{V}$ に関する更新式も同様に導出できます.これらの更新式を用いて $\bm{U},\bm{V}$ を求める方法を**疑似 2 次交互勾配降下法 (quasi second-order alternating gradient descent method)**(アルゴリズム 4.2) と呼びます.

アルゴリズム 4.2 ℓ^2 正則化行列分解の疑似 2 次交互勾配降下法

入力:行列 $\bm{X} \in \mathbb{R}^{I \times J}$,ランク $R \in \mathbb{N}$,正則化係数 $\lambda \geq 0$,学習率 $\eta > 0$,精度 $\epsilon > 0$.
出力:因子行列 $\bm{U} \in \mathbb{R}^{I \times R}, \bm{V} \in \mathbb{R}^{J \times R}$.
1: $\bm{U}, \bm{V}$ を乱数で初期化
2: **repeat**
3:     $g \leftarrow f_{\ell^2}(\bm{U},\bm{V})$
4:     $\bm{U} \leftarrow (1-\eta)\bm{U} + \eta \bm{X}\bm{V}(\bm{V}^\top \bm{V} + \lambda \bm{I})^{-1}$
5:     $\bm{V} \leftarrow (1-\eta)\bm{V} + \eta \bm{X}^\top \bm{U}(\bm{U}^\top \bm{U} + \lambda \bm{I})^{-1}$
6: **until** $|g - f_{\ell^2}(\bm{U},\bm{V})|/f_{\ell^2}(\bm{U},\bm{V}) < \epsilon$

> **注意**
>
> $\lambda > 0$ かつ $\eta = 1$ のとき，更新式 (4.15) は V を固定したときに目的関数が最小となる解，すなわち勾配 (4.11) を 0 としたときの解となっていることがわかります．
>
> $$\nabla_U f_{\ell^2} = O$$
> $$\Leftrightarrow \quad U(V^\top V + \lambda I) = XV$$
> $$\Leftrightarrow \quad U = XV(V^\top V + \lambda I)^{-1}$$
>
> すなわち更新式 (4.15) は，1 つ前の解と新しい解の η による重みつき和になっており，η $(0 < \eta < 1)$ が大きければ大きいほど新しい解を重視すると解釈できます．

疑似 2 次交互勾配降下法では $(V^\top V + \lambda I)$ および $(U^\top U + \lambda I)$ の逆行列の計算[*8] が追加で必要になるため，1 次交互勾配降下法に比べて $O(R^3)$ の計算量が余計に必要となります．一方，誤差関数の 2 次の情報を部分的に用いているため収束までに必要な反復回数は一般的に少なくなります．また 1 次交互勾配降下法においては学習率 η が収束の速さに大きな影響を及ぼしますが，疑似 2 次交互勾配降下法ではその敏感性をヘッセ行列がある程度吸収するため，η の細かい調整が不要になるという利点も存在します[*9]．

4.4.3 制約つきの最適化

行列分解によっては U, V に対して制約を入れたい場合があります．たとえば非負行列分解では U, V ともにすべての要素が 0 以上となることが要求されます．このような場合，これまでに導出した交互最適化と**射影勾配降下法 (projected gradient descent method)** を組み合わせることで，制約を満たしつつ最適化が行えます．

まず U に関する制約を空間として定義します．ある U に関する制約につ

[*8] 逆行列を愚直に計算する代わりに線形方程式を解くことでも更新式が求まりますが，そうした場合でも計算量のオーダは変わりません．
[*9] 経験的には $\eta = 1$ と設定すればうまく収束してくれるようです．

いて，その制約を満たすような U の集合を $\mathcal{U}$ とします．このとき，射影勾配降下法による U の更新式は以下のように書けます．

$$U^{\text{new}} = \text{Proj}_{\mathcal{U}}[U - \eta \nabla_U f_{\ell 2}(U, V)]$$

ここで，

$$\text{Proj}_{\mathcal{U}}[U] = \text{argmin}_{Z \in \mathcal{U}} \|U - Z\|_{\text{Fro}}^2 \tag{4.16}$$

は $\mathcal{U}$ における U の最近傍点を返す操作を表します．通常の勾配法の後に「空間 $\mathcal{U}$ からはみ出した部分を $\mathcal{U}$ に戻す」のが射影勾配降下法です．たとえば非負行列分解の場合，$\mathcal{U}$ は各要素が非負の実数を値としてとる $I \times R$ 行列からなる空間です．ここで $[U]_+$ は行列の各要素に関して $u_{ij} > 0$ のとき u_{ij} を，$u_{ij} \leq 0$ のとき 0 を返す操作とすると，更新式は

$$U^{\text{new}} = [U - \eta \nabla_U f_{\ell 2}(U, V)]_+$$

と書けます．疑似 2 次交互勾配降下法に対しても更新後に射影操作 (4.16) を追加するだけで同様の拡張が行え，これによって ℓ^2 正則化つき非負行列分解を解くことができます (アルゴリズム 4.3)．

アルゴリズム 4.3 ℓ^2 正則化つき非負行列分解の疑似 2 次交互射影勾配降下法

入力：非負行列 $X \in \mathbb{R}_+^{I \times J}$, ランク $R \in \mathbb{N}$, 正則化係数 $\lambda \geq 0$, 学習率 $\eta > 0$, 精度 $\epsilon > 0$.
出力：因子行列 $U \in \mathbb{R}_+^{I \times R}, V \in \mathbb{R}_+^{J \times R}$.
1: U, V を非負乱数で初期化
2: **repeat**
3:     $g \leftarrow f_{\ell^2}(U, V)$
4:     $U \leftarrow [(1-\eta)U + \eta X V (V^\top V + \lambda I)^{-1}]_+$
5:     $V \leftarrow [(1-\eta)V + \eta X^\top U (U^\top U + \lambda I)^{-1}]_+$
6: **until** $|g - f_{\ell^2}(U, V)|/f_{\ell^2}(U, V) < \epsilon$

射影勾配降下法は，やっていることが直観的で理解しやすく，実装も簡単

4.4.4 確率勾配降下法

X が密でかつ I, J があまりにも大きいため，X がメモリに乗り切らない場合があります．そのような場合でも **確率勾配降下法** (stochastic gradient descent method) を用いることで行列分解を計算できる場合があります．確率勾配降下法は全サンプルを用いて勾配を厳密に計算する代わりに少数のサンプルで勾配を近似的に計算し最適化を行う方法です[79]．直観的にいうと，目的関数 f が「サンプル n のみに依存する関数 f_n」の和で書けるとき，すなわち $f(\bm{x}_1, \bm{x}_2, \dots) = \sum_n f_n(\bm{x}_n)$ のように定義されるとき，f に関する勾配の代わりに f_n に関する勾配を使う方法です．f_n は $\bm{x}_n$ のみに依存し，ほかのサンプルは必要ないため，メモリ効率が向上します．

行列分解ではサンプルのとりかたによって異なる確率勾配降下アルゴリズムが定義されます．ここでは 2 通りの方法を紹介します．

> **注意**
>
> 確率勾配降下法において，学習率は反復数 t に依存して決まる関数 $\eta(t)$ として一般に定義されます．$\eta(t)$ の設定は収束の速さに大きく依存するため，うまく値を設定することは非常に重要です．1 つの方法としては $\eta(t) = 1/(a\sqrt{t}+b)$ とし，$a, b \geq 1$ を交差検定法などで決めることが考えられます．ただ，ほとんどの場合は AdaGrad[13] などの自動スケジューリングを使うとうまくいくでしょう．確率勾配法の全般的な説明については文献[79]を参照してください．

A) 要素ごとの確率勾配法

X の各要素 x_{ij} をサンプルとする，最も一般的な方法です．式 (4.9) を要素ごとの和でまとめると，$\bm{u}_{i:}$ と $\bm{v}_{j:}$ のみに依存する関数 $f_{\ell^2}^{(ij)}$ の和として以下のように書き直せます．

$$f_{\ell^2}(\boldsymbol{U}, \boldsymbol{V}) = \sum_{i=1}^{I} \sum_{j=1}^{J} f_{\ell^2}^{(ij)}(\boldsymbol{u}_{i:}, \boldsymbol{v}_{j:})$$

$$f_{\ell^2}^{(ij)}(\boldsymbol{u}_{i:}, \boldsymbol{v}_{j:}) = \frac{1}{2}(x_{ij} - y_{ij})^2 + \frac{\lambda}{2} \sum_{r=1}^{R} \left(\frac{1}{J} u_{ir}^2 + \frac{1}{I} u_{ir}^2 \right)$$

これに対し $\boldsymbol{u}_{i:}$ と $\boldsymbol{v}_{j:}$ の勾配は以下のように求まります.

$$\nabla_{\boldsymbol{u}_{i:}} f_{\ell^2}^{(ij)} = -x_{ij} \boldsymbol{v}_{j:} + \boldsymbol{u}_{i:}(\boldsymbol{v}_{j:}^\top \boldsymbol{v}_{j:} + \frac{\lambda}{J})$$

$$\nabla_{\boldsymbol{v}_{j:}} f_{\ell^2}^{(ij)} = -x_{ij} \boldsymbol{u}_{i:} + \boldsymbol{v}_{j:}(\boldsymbol{u}_{i:}^\top \boldsymbol{u}_{i:} + \frac{\lambda}{I})$$

この勾配から更新式が求まり,これをすべての i, j について繰り返すことで $\boldsymbol{U}, \boldsymbol{V}$ を最適化します (アルゴリズム 4.4).

アルゴリズム 4.4 要素ごとの確率勾配降下法

入力:行列 $\boldsymbol{X} \in \mathbb{R}^{I \times J}$, ランク $R \in \mathbb{N}$, 正則化係数 $\lambda \geq 0$, 学習率 $\eta(t)$, 反復回数 $T \in \mathbb{N}$.
出力:因子行列 $\boldsymbol{U} \in \mathbb{R}^{I \times R}, \boldsymbol{V} \in \mathbb{R}^{J \times R}$.
1: $\boldsymbol{U}, \boldsymbol{V}$ を乱数で初期化
2: **for** $t = 1, \ldots, T$ **do**
3:     $[I]$ 上の一様乱数から i をサンプル
4:     $[J]$ 上の一様乱数から j をサンプル
5:     $\boldsymbol{u}_{i:} \leftarrow \boldsymbol{u}_{i:} + \eta(t) \nabla_{\boldsymbol{u}_{i:}} f_{\ell^2}^{(ij)}(\boldsymbol{u}_{i:}, \boldsymbol{v}_{j:})$
6:     $\boldsymbol{v}_{j:} \leftarrow \boldsymbol{v}_{j:} + \eta(t) \nabla_{\boldsymbol{v}_{j:}} f_{\ell^2}^{(ij)}(\boldsymbol{u}_{i:}, \boldsymbol{v}_{j:})$
7: **end for**

各反復での計算量は $O(R)$ であり,また $\boldsymbol{X}$ の全要素を見た場合でも $O(IJR)$ となります.これは勾配法の1反復の計算量に比べ,$O((I+J)R^2)$ 分得をしていることがわかります.これより,R を大きくして解きたい場合には確率勾配降下法を使うのがよいことがわかります.また各反復では単一の x_{ij} しか必要としないため,$\boldsymbol{X}$ 全体がメモリに乗り切らなくても $\boldsymbol{X}$ を逐

次的に読み出すことで分解を計算できるという利点もあります．

B) 行列ごとの確率勾配法

上の例では X の各成分がサンプルとして与えられる確率勾配法を考えました．この方法は，X 全体にアクセスするのは高コストだが X の各成分には低コストでランダムアクセスできる設定の場合に威力を発揮します．しかしながら，X の各成分へのアクセスにも，ある程度の計算コストが発生する場合はこの限りではありません．

例として単語の共起行列の行列分解を考えます．共起行列とは複数の文書が与えられたときに同じ文書内で同時に出現した単語の数を数えることによって作られる行列で，これを分解することで 4.3.2 項で議論したような単語の関係性を抽出することができます．共起行列の作りかたを具体的に見ていきましょう．M 個の文書があり，全体の語彙数を $I \in \mathbb{N}$ とします．このとき，共起行列 $X \in \mathbb{N}^{I \times I}$ は各列と各行が単語のインデックスに対応し，x_{ij} には単語 i と単語 j が同時に出現した文書の数が格納されているものとします．さて，$C^{(m)}$ を文書 $m \in [M]$ の共起行列とすると，x_{ij} の値を計算するためには全文書 $m = 1, \ldots, M$ を読み込み $x_{ij} = \sum_{m=1}^{M} c_{ij}^{(m)}$ を計算する必要があります．すなわち，要素ごとの確率勾配法を使うためにはまず $X = \sum_{m=1}^{M} C^{(m)}$ を計算する必要があります．I や M が大きい場合にはその計算量も大きくなります．これをうまく避ける方法はないでしょうか．

実は，X がこのように複数の行列の和で与えられるとき，その1つ1つの行列をサンプルとする確率勾配法を導出できます[19]．記法をわかりやすくするため，サンプルの平均をとる作用素として $\mathbb{P}_m[\cdot] = \frac{1}{M} \sum_{m=1}^{M} (\cdot)$ を導入します．これにより，共起行列は $X = M\mathbb{P}_m[C^{(m)}]$ と書き直せます．またデータへの依存性がわかるよう，単純行列分解の目的関数を $f_{\text{std}}(X; U, V) = \frac{1}{2}\|X - UV^\top\|_{\text{Fro}}^2$ と表記すると，これは以下のように書き直せます．

$$\begin{aligned}
f_{\text{std}}(X; U, V) &= \|X - UV\|_{\text{Fro}}^2 \\
&= \mathbb{P}_m\|MC^{(m)} - UV\|_{\text{Fro}}^2 + \mathbb{P}_m\|X - MC^{(m)}\|_{\text{Fro}}^2 \\
&= \mathbb{P}_m[f_{\text{std}}(MC^{(m)}; U, V)] + M^2\sigma^2 \qquad (4.17)
\end{aligned}$$

ただし，$\sigma^2 = \mathbb{P}_m \|C^{(m)} - \mathbb{P}_m[C^{(m)}]\|_{\text{Fro}}^2$ です．このように X を分解する目的関数 $f_{\text{std}}(X; U, V)$ は，$C^{(m)}$ を分解する目的関数 $f_{\text{std}}(MC^{(m)}; U, V)$ の和で書けます．この事実をもとに，後者の勾配を用いる確率勾配法をアルゴリズム 4.5 のように導出できます．

ここで導出した，行列をサンプルとする確率勾配法 (アルゴリズム 4.5) では，もはや X が事前に計算されている必要がないことに注意してください．すなわち，共起行列の文脈では共起行列そのものを事前に構築する必要がなく，個々の文書から直接分解を計算できるようになりました．また式 (4.17) に現れる σ^2 は U, V に依存しない定数であることに注意してください．すなわち，アルゴリズム 4.5 の目的関数 $\mathbb{P}_m[f_{\text{std}}(MC^{(m)}; U, V)]$ の解集合 (勾配が 0 となる点の集合) は，もとの目的関数 $f_{\text{std}}(X; U, V)$ の解集合とまったく等しくなります．そのため，反復数を十分大きくし $\eta(t)$ を適切に設定すると，アルゴリズム 4.5 は $f_{\text{std}}(X; U, V)$ の局所解に収束することが (ある条件のもとで) 保証されます[19]．

アルゴリズム 4.5 行列ごとの確率勾配降下法

入力：行列 $\{C_1, \ldots, C_M \in \mathbb{R}^{I \times J}\}$，ランク $R \in \mathbb{N}$，正則化係数 $\lambda \geq 0$，学習率 $\eta(t)$，反復回数 $T \in \mathbb{N}$．
出力：因子行列 $U \in \mathbb{R}^{I \times R}, V \in \mathbb{R}^{J \times R}$．
1: U, V を乱数で初期化
2: **for** $t = 1, \ldots, T$ **do**
3:    $m \leftarrow t \bmod M$
4:    $U \leftarrow U + \eta(t) \nabla_U f_{\ell^2}(MC^{(m)}; U, V)$
5:    $V \leftarrow V + \eta(t) \nabla_V f_{\ell^2}(MC^{(m)}; U, V)$
6: **end for**

各反復での計算量は，$C^{(m)}$ の非ゼロ要素数を N_m とすると $O(N_m R + (I + J)R^2)$ となります．さらに**遅延更新 (lazy update)**[*10] を

[*10] サンプルが疎な場合に正則化の計算を後回しにすることで確率勾配の計算を高速化する技術です．詳しくは文献[82] を参照してください．

用いることで $c^{(m)}_{i\cdot} = \mathbf{0}$ あるいは $c^{(m)}_{\cdot j} = \mathbf{0}$ となるような行 i や列 j に関する正則化の計算処理を省くことができ，結果として計算量をさらに削減できます．また各反復では $\boldsymbol{X}$ ではなく $\boldsymbol{C}^{(m)}$ のみ必要とするため，$\boldsymbol{C}^{(m)}$ が疎であればメモリ量も削減できます．具体的には $O(N + (I + J)R)$ から $O(\max_m N_m + (I + J)R)$ に削減できます．

> **注意**
>
> 行列をサンプルとする確率勾配法 (アルゴリズム 4.5) は要素をサンプルとする確率勾配法 (アルゴリズム 4.4) の一般化とみなせることに注意してください．すなわちアルゴリズム 4.5 において $M = IJ$ とし $\boldsymbol{C}^{(m)}$ を (i,j) 成分が x_{ij}/M，それ以外が 0 となるような行列として与えてやるとアルゴリズム 4.4 と等価なアルゴリズムが導出されます．

4.5 欠損値がある場合の行列分解

これまで $\boldsymbol{X}$ の成分はすべて観測されていると仮定してきましたが，この仮定は現実では満たされないことがあります．先に挙げた映画の評価予測はその代表的なものです．映画のデータベースである IMDb[*11] によると，2016 年 4 月の段階で世の中にはおよそ 70 万もの映画が存在しています．仮にこれらの映画の平均的な長さが 2 時間だとすると，すべての映画を見るためには約 160 年もの時間が必要となります．これは一般的な人の寿命を明らかに越えており，すべての映画に対して評価をつけることは現実的でないことがわかります．実際，映画の評価予測において $\boldsymbol{X}$ はほとんどが欠損となることが知られています．

$\boldsymbol{X}$ に欠損値が含まれている場合に行列分解を計算する方法は，以下の 2 通りが一般的です．

[*11] http://www.imdb.com/

4.5.1 欠損値を除外

最初の方法は，欠損部分を完全に未知だとし，学習の際にいっさい使わない方法です．まず，フロベニウスノルムの定義より，式 (4.3) は $\boldsymbol{X}$ の各成分に関する和として書き直すことができます．

$$\|\boldsymbol{X} - \boldsymbol{U}\boldsymbol{V}^\top\|_{\mathrm{Fro}}^2 = \sum_{i=1}^{I}\sum_{j=1}^{J}(x_{ij} - \boldsymbol{u}_{i:}^\top \boldsymbol{v}_{j:})^2$$

この性質を利用し，欠損部分を以下のように除外し，目的関数を観測部分だけで定義し直します．$\boldsymbol{X}$ の観測部分のインデックス集合を $\Omega \subseteq [I] \times [J]$ とすると以下のように書けます．

$$\sum_{(i,j)\in\Omega}(x_{ij} - \boldsymbol{u}_{i:}^\top \boldsymbol{v}_{j:})^2 \tag{4.18}$$

新しい目的関数 (4.18) の最適化は，もとのものに比べいくらか複雑になりますが，同様に導出できます．たとえば勾配は以下のように書けます．

$$\nabla_{\boldsymbol{U}} f_{\ell^2} = -((\boldsymbol{X} - \boldsymbol{U}\boldsymbol{V}^\top) * \boldsymbol{M})\boldsymbol{V} + \lambda \boldsymbol{U}$$

ここで $\boldsymbol{M}$ は $\boldsymbol{X}$ の観測/欠損を表すマスク行列で

$$m_{ij} = \begin{cases} 1 & (i,j) \in \Omega \text{ のとき} \\ 0 & \text{それ以外} \end{cases}$$

と定義されます．

4.5.2 欠損値を補完

もう1つの方法は欠損値を何らかの値で補完し，目的関数に含めて計算するやりかたです．$\boldsymbol{X}$ の欠損値を補完した行列を $\hat{\boldsymbol{X}}$ と書くと，目的関数は以下のようになります．

$$\|\hat{\boldsymbol{X}} - \boldsymbol{U}\boldsymbol{V}^\top\|_{\mathrm{Fro}}^2$$

補完する値をどうするかはいくつかの選択肢がありますが，交互最適化と組み合わせる場合，前反復の解を使うことがよく行われます．これはアルゴリズムとしては以下のように記述できます．まず $\boldsymbol{U}, \boldsymbol{V}$ をランダムに初期化し

た後，$t+1$ 回目の反復において t 回目の予測値によって X を補完します．

- $U^{(t+1)}$ の更新：$ij \notin \Omega$ において $\hat{x}_{ij} = (u_i^{(t)})^\top v_j^{(t)}$
- $V^{(t+1)}$ の更新：$ij \notin \Omega$ において $\hat{x}_{ij} = (u_i^{(t+1)})^\top v_j^{(t)}$

ここで $u_i^{(t)}, v_j^{(t)}$ は t 回目の反復における u_i, v_j の解とします．このようにして欠損を埋めて勾配法で最適化する場合，実はその更新式は，上で述べた欠損値を除外する場合とまったく等価となります．欠損値を除外するほうがメモリ効率はよいですが，欠損値を補完するほうは勾配の計算も従来と同じ形になり実装も簡単になります．

注意

欠損値と 0 は慣れないと混同しやすいですが，この 2 つは別物であり，厳密に区別する必要があります．1.3.3 項でも触れましたが，「$x_{ij} = 0$」は「X の (i,j) 成分は 0 である」ということを示しており，これは $x_{i'j'} = 1$ と同程度確かな情報であることを示しています．一方，「$x_{ij} = $ 欠損値」は「X の (i,j) 成分はどのような値をとるか，未観測である」ということを表しており，これは $x_{ij} = 0$ や $x_{i'j'} = 1$ よりも 1 段階不確かな情報です．そのため，たとえば欠損値に 0 を代入して計算するやり方は「未観測な情報をすべて 0 だと仮定」して解いていることになります．もちろん 0 だと仮定することに十分な根拠があるのであればいいですが，そうでない場合，このやりかたは，極端にいえば欠損値に 100 を代入して計算しているのと同程度の信頼性しかないことに注意してください．

4.6 関連する話題

以上，行列分解の一般的な定式化やその解法 (アルゴリズム) について説明しました．しかし，行列分解は非常に広い研究分野であり，これまでに説明した話題以外にも別の視点からの広がりがたくさんあります．ここでは関連する話題をいくつか簡単に解説します．

4.6.1 確率モデルとしての解釈

本章では詳しくは触れませんでしたが,行列分解は確率モデルとして解釈することも可能です[68].まず平均 μ, 分散 σ^2 の正規分布の確率密度関数を $N(x \mid \mu, \sigma^2) = \frac{1}{\sqrt{2\pi\sigma^2}} \exp(-\frac{1}{2\sigma^2}(x-\mu)^2)$ と表します.$\boldsymbol{X}$ を確率変数とし,その分布を

$$p(\boldsymbol{X} \mid \boldsymbol{U}, \boldsymbol{V}) = \prod_{i=1}^{I} \prod_{j=1}^{J} N(x_{ij} \mid \boldsymbol{u}_i^\top \boldsymbol{v}_j, 1) \quad (4.19)$$

としましょう.このとき式 (4.19) の負の対数尤度 $-\log p(\boldsymbol{X} \mid \boldsymbol{U}, \boldsymbol{V})$ は単純行列分解の目的関数式 (4.3) と定数項を除いて等しくなります.統計学ではパラメータを推定する方法として対数尤度が最大となるものを求める最尤推定が一般的に使われますが,対数尤度の最大化は,すなわち負の対数尤度の最小化であることから,単純行列分解で求めた $\boldsymbol{U}, \boldsymbol{V}$ は確率モデル (4.19) の最尤推定値として解釈できます.これは統計的には,行列分解は「分散 1 のガウスノイズ[*12]のもとで $\boldsymbol{X}$ が従う分布の平均 $\boldsymbol{UV}^\top$ を推定する問題」を解いていることになります.

ここでさらに $\boldsymbol{U}$ と $\boldsymbol{V}$ に対して事前分布

$$p(\boldsymbol{U}, \boldsymbol{V}) = \prod_{i=1}^{I} N(\boldsymbol{u}_{i:} \mid \boldsymbol{0}, \lambda^{-1}\boldsymbol{I}) \prod_{j=1}^{J} N(\boldsymbol{v}_{j:} \mid \boldsymbol{0}, \lambda^{-1}\boldsymbol{I})$$

を導入すると,その対数をとったもの

$$\log p(\boldsymbol{U}, \boldsymbol{V}) = -\frac{\lambda}{2}(\|U\|_{\text{Fro}}^2 + \|V\|_{\text{Fro}}^2) + C$$

(C は $\boldsymbol{U}, \boldsymbol{V}$ に依存しない定数)

は,式 (4.6) で導入した ℓ^2 正則化項と等価であり,そのため最大事後確率 (MAP) 推定:

$$\max_{\boldsymbol{U}, \boldsymbol{V}} \log p(\boldsymbol{U}, \boldsymbol{V} \mid \boldsymbol{X}) = \max_{\boldsymbol{U}, \boldsymbol{V}} \log p(\boldsymbol{X}, \boldsymbol{U}, \boldsymbol{V})$$

$$= \max_{\boldsymbol{U}, \boldsymbol{V}} \{\log p(\boldsymbol{X} \mid \boldsymbol{U}, \boldsymbol{V}) + \log p(\boldsymbol{U}, \boldsymbol{V})\}$$

は ℓ^2 正則化行列分解と等価な問題となります.

このように行列分解を確率モデルおよびそのパラメータ推定問題として解

[*12] 正規分布から発生したノイズのことをガウスノイズとも呼びます.

釈することには，3.2 節でも触れたとおり拡張性に関していくつかの利点が存在します．

ノイズモデルの拡張 X の各要素が実数の値をとる場合，同じく実数の値をとるガウスノイズの仮定はある程度自然です．しかし，たとえば映画推薦のように離散値をとる場合には，ガウスノイズの仮定は適切ではありません．確率モデルとして考えることで X の分布を変更すること (例：正規分布からポアソン分布に変更) でこの種の問題に対応できます．このように X の分布を正規分布から指数型分布族に一般化した行列分解モデルとして，一般化行列分解[10] が提案されています．

事前知識の統合 問題によっては，X 以外にも情報が得られる場合があります．たとえば映画推薦の問題であれば，顧客に関する情報 (年齢や性別など) や映画に関する情報 (公開日や映画のジャンルなど) です．これらの情報は階層的ベイズモデリングの考えかたを用いて U, V に対する事前分布として統合することができます．

U, V のベイズ推定 事前分布を導入しベイズ推定することで，U, V の情報を分布として捉えることができます．これにより，最尤推定や事後確率推定のように U, V を点として推定するのではわからなかった推定値の確からしさなど，より詳細な情報を知ることができます．

R の決定 尤度関数をパラメータに関して周辺化した周辺尤度を計算することによって R を決定できます．

行列分解の確率的解釈，特にパラメータのベイズ推定に関しては文献[57] を参照してください．

4.6.2 非線形モデルへの拡張

本章で紹介した行列分解はいずれも X と U, V の間に線形性を仮定していました．これは，もともとは式 (4.5) の類似度として内積を用いていたためです．この線形性のおかげで微分が簡単にとれ，最適化が容易となっていました．しかしながら，世の中に存在するデータがすべて線形性を満たしているとは限りません．実際のデータが非線形な空間に埋め込まれている場合，これを線形で近似しようとすると R が必要以上に大きくなり，解釈性が大きく低下する場合があります．

このように，実際の空間が曲がりくねっているような場合，非線形な関係性を導入することで潜在空間をより低次元で捉えることができます．カーネル主成分分析[2, 73]はカーネル法によって行列分解を非線形化した方法です．また隠れ変数ガウス過程モデル[43]はカーネル主成分分析をベイズ的に拡張したものに対応し，非線形関数をガウス過程でモデリングする方法です．

非線形への拡張はモデルの表現力を高めますが，一方でいくつかの注意点があります．まずは計算量の増大です．非線形化により微分の形が複雑となり，最適化が難しくなります．またモデルの複雑度が R により依存するため，R の決定がより重要な問題となります．

4.6.3　R の決めかた

行列分解を実際にデータ解析に適用する際，事前にランクを決めるパラメータ R を定める必要があります．4.2.1 項でも述べたように，R が大きすぎると過学習を招き，予測精度が低下します．また計算量も増大します．一方，R が小さすぎるとモデルが単純すぎてデータを十分に学習できず，同じく予測精度が低くなります．これは統計学でいうところのバイアス・バリアンスのトレードオフとなっています．

R の実用的な決めかたとしては，検証誤差を見る方法があります．これは次のような手順からなります．まず，X の観測部分のいくつかの要素をランダムで選び検証データとします．次に学習を行いますが，検証データとして選ばれた要素は欠損値として扱います．学習後に検証データと予測値の誤差 (検証誤差) を計測します．これをいくつかの R の候補に対して行い，検証誤差が最も小さくなるような R を選択します．

4.6.4　実データ

行列分解の問題に対しては，実データが比較的よく整備されています．ここでは有名なデータセットのいくつかを紹介します．

MovieLens データ [*13] 映画推薦のデータです．中規模 (非ゼロ数が 10 万〜2,200 万) のデータがいくつか公開されています．また外部情報として映画のジャンルに関する属性データも付属しています．

---

*13　http://grouplens.org/datasets/movielens/

Yahoo! 音楽推薦データ[*14] KDD Cup 2011 で使われたデータです．非ゼロ数が 7 億と推薦データとしては最大級の大きさで，外部情報も多数付属しています．

KONECT[*15] ノード数が数百〜数千万とさまざまな規模の実ネットワークデータが 250 個程度公開されています．

SNAP[*16] 比較的大規模なネットワークデータが多数公開されています．

[*14] http://webscope.sandbox.yahoo.com/catalog.php?datatype=r
[*15] http://konect.uni-koblenz.de/
[*16] https://snap.stanford.edu/data/

Chapter 5

高次関係データとテンソル

> 前章では，顧客や映画のように2種類のオブジェクトの集合があるとき，行列の2つの「軸」，すなわち行と列に対応させてそれらの関係性を表現してきました．しかしながら，オブジェクトの種類が3以上の場合，行列では「軸」が足りないためそのままでは関係性を表現することができません．テンソルは行列を拡張した概念で，行と列に加えてさらなる「軸」を追加することで3つ以上のオブジェクト間の関係性を表現します．本章ではテンソルによるデータの表現方法およびその演算について説明します．

5.1 用語の定義

　本書ではこれまで2つのオブジェクト間の関係，すなわち2項関係について注目してきましたが，現実のデータで現れる関係には3つ，あるいはそれ以上のオブジェクトが関わる場合があります．例として，もう1度映画推薦問題を考えてみましょう．これまでは映画の評価を「顧客」と「映画」の2項関係として見てきました．しかしながら，これに「いつ視聴したのか」という時間情報を入れて，「顧客，映画，時間」の3項関係として表現することも可能です (図 5.1)．あるいは気候データを思い浮かべてもいいでしょう．地球上の場所を緯度と経度で表し，観測地点ごとに風速，気温，湿度といったさまざまな計測を行うと，これらを集めたデータは「緯度，経度，計測」の

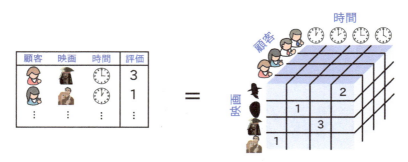

図 5.1 テンソルとして表現されるデータの例.

3項関係として表現できます．さらには言語データにもこのような表現が出現します．複数の文書に対し，1つ1つの文章の中の主語，動詞，目的語の3つ組の頻度を数えることで「ある動詞はある主語や目的語と一緒に出現しやすい」といった情報を得ることができますが，これも「主語，動詞，目的語」の3項関係として表現されます．

具体例として「顧客，映画，時間」の3項関係を考えましょう．I人の顧客，J個の映画，K個の時点があり ($I, J, K \in \mathbb{N}$)，その3つ組によって評価が1つ定まるとします．このとき，評価は$I \times J \times K$ テンソル (tensor) $\mathcal{X}$で表現できます．$\mathcal{X}$は3つのインデックスを決めたときに評価の値を返す3次元配列であり，各要素は

$$x_{ijk} = 時点 k での顧客 i による映画 j の評価$$

を表します．ここでオブジェクトの種類の数 (この例では3) をテンソルでは**次数 (number of order)** あるいは階数と呼びます．また，次数LのテンソルをL次テンソル（あるいはL階テンソル）と呼びます．テンソルの各軸を**モード (mode)**，各軸の長さを次元と呼びます．たとえば$\mathcal{X}$のモード「顧客」の次元はIとなります．すべての次元をまとめたもの ($I \times J \times K$) を本書ではテンソルのサイズと呼ぶことにします．

利便性のため，あるモードの次元が1となるようなテンソルは，そのモードについては省略して1つ次数が低いテンソルとして扱うこととします．すなわち，$I, J > 1$ となるような $I \times J \times 1$ テンソルは $I \times J$ 行列として扱います．このことは逆にいうと $I \times J$ 行列は次元が $I \times J \times 1 \times 1 \times \cdots$ とな

る高次テンソルとしてみることもできます[*1]．この見方は後に説明する外積を定義するときに役立ちます．

> **注意**
>
> 　本書で扱うテンソルは，本来なら多次元配列 (multi-dimensional array) と呼ぶ方が自然かもしれません．物理で現れるような「共変」や「反変」といった概念を使うことなく，単なるデータの入れものとして扱うためです．しかしながら本書では機械学習やデータマイニング分野の慣習に従ってテンソルと呼ぶことにします．

5.2 テンソルにおける線形演算

　これまで見てきたように，行列データの解析を行ううえでは行列積といった線形演算が重要な役割を果してきました．次章で説明する解析では，特に内積に相当する「全モードを縮約」する操作，行列やベクトルの積に相当する「モードを 1 つ減らす」操作，行列や行列積に相当する「モードの次元を変更」する操作，外積に相当する「モードを 1 つ増やす」操作が必要となります．本節ではこれらの操作 (表 5.1) および加算やスカラ倍など基本的な操

表 5.1 ベクトル，行列，テンソルにおける操作の比較．ここで $I, J, K, R, S, T \in \mathbb{N}$ に対し，$\boldsymbol{a}, \boldsymbol{a}'$ は I 次元ベクトル，$\boldsymbol{b}$ は J 次元ベクトル，$\boldsymbol{c}$ は K 次元ベクトル，$\boldsymbol{d}$ は R 次元ベクトル，$\boldsymbol{A}, \boldsymbol{A}'$ は $I \times J$ 行列，$\boldsymbol{D}$ は $I \times R$ 行列，$\boldsymbol{E}$ は $J \times S$ 行列，$\boldsymbol{F}$ は $K \times T$ 行列，$\mathcal{A}, \mathcal{A}'$ は $I \times J \times K$ テンソルです．

操作の対象	全モードを縮約	モードを減らす	モードの次元を変更	モードを増やす
ベクトル $\boldsymbol{a}$	$\langle \boldsymbol{a}, \boldsymbol{a}' \rangle$	$\boldsymbol{a}^\top \boldsymbol{a}' = \langle \boldsymbol{a}, \boldsymbol{a}' \rangle$	$\boldsymbol{D}^\top \boldsymbol{a}$	$\boldsymbol{a} \boldsymbol{d}^\top$
行列 $\boldsymbol{A}$	$\langle \boldsymbol{A}, \boldsymbol{A}' \rangle$	$\boldsymbol{A}^\top \boldsymbol{a}$	$\boldsymbol{A}^\top \boldsymbol{D}$	$\boldsymbol{A} \circ \boldsymbol{d}$
		$\boldsymbol{A} \boldsymbol{b}$	$\boldsymbol{A} \boldsymbol{E}$	
3 次テンソル $\mathcal{A}$	$\langle \mathcal{A}, \mathcal{A}' \rangle$	$\mathcal{A} \times_1 \boldsymbol{a}$	$\mathcal{A} \times_1 \boldsymbol{D}$	$\mathcal{A} \circ \boldsymbol{d}$
		$\mathcal{A} \times_2 \boldsymbol{b}$	$\mathcal{A} \times_2 \boldsymbol{E}$	
		$\mathcal{A} \times_3 \boldsymbol{c}$	$\mathcal{A} \times_3 \boldsymbol{F}$	
		(図 5.3 など)	(図 5.2)	(図 5.4)

[*1] テンソルの次数はあくまでも次元が 1 よりも大きいモードの数で定義するとします．

作を紹介します．

---- ヒント ----

本節では基本的な演算をどちらかというと厳密性を重視して導入していくため，退屈に感じるかもしれません．そのときはひとまず表 5.1 と図 5.2〜図 5.4 を眺めてから次章に飛び，テンソルデータの概観をつかんでから必要に応じて本節を読み直してみてください．

5.2.1 加算，スカラ倍，内積

テンソルにおいて，足し算 (引き算) とスカラ倍は行列と同様に定義されます．$I \times J \times K$ テンソル $\mathcal{X}$ と $\mathcal{Y}$ があるとき，テンソルの足し算 $\mathcal{X} + \mathcal{Y}$ は要素ごとに $\mathcal{X}$ と $\mathcal{Y}$ を足しあわせる操作になります．すなわち，すべての $i \in [I], j \in [J], k \in [K]$ に対して $[\mathcal{X} + \mathcal{Y}]_{ijk} = x_{ijk} + y_{ijk}$ です．また，ある実数 α に対して $\mathcal{X}$ の要素をすべて α 倍する操作をスカラ倍 $\alpha \mathcal{X}$ ($[\alpha \mathcal{X}]_{ijk} = \alpha x_{ijk}$) と表記します．

テンソルの内積についても考えましょう．2 つのベクトルの内積が要素同士の積の総和として与えられたように，2 つのテンソルの内積を要素同士の積の総和で定義します．

$$\langle \mathcal{X}, \mathcal{Y} \rangle = \sum_{i=1}^{I} \sum_{j=1}^{J} \sum_{k=1}^{K} x_{ijk} y_{ijk}$$

この内積よりテンソルにおけるフロベニウスノルムが定義できます．

$$\|\mathcal{X}\|_{\mathrm{Fro}} = \sqrt{\langle \mathcal{X}, \mathcal{X} \rangle}$$

5.2.2 モード積

行列の積のアイデアをテンソルに拡張するため，まずベクトルや行列の積について考えます．ある I 次元ベクトル $\boldsymbol{x}$ と $I \times J$ 行列 $\boldsymbol{A}$ の積 $\boldsymbol{A}^\top \boldsymbol{x} = \sum_{i=1}^{I} x_i \boldsymbol{a}_i$ を考えると，$\boldsymbol{x}$ との積は $I \times J$ 行列を入力として J 次元ベクトルを返すような作用素として捉えることができます．

これを一般化し，$L \in \mathbb{N}$ 次のテンソルを入力として $(L-1)$ 次のテンソルを返すような $\boldsymbol{x}$ との演算を考えてみましょう．ベクトルと行列との積では

「行と列のどちらに対し和をとるか」で 2 通りの異なる演算が考えられたように，ベクトルとテンソルとの積では「どのモードに対し和をとるか」で L 通りの異なる演算が考えられます．本書ではモード $l \in [L]$ に対し和をとる積を**モード l 積** (mode-l multiplication) と呼び，記号 $\times_l$ で表記します．$I_1 \times I_2 \times \cdots \times I_L$ テンソル $\mathcal{A}$ と I_l 次元ベクトル $\boldsymbol{x}$ のモード l 積 $\mathcal{A} \times_l \boldsymbol{x} = \mathcal{B}$ を以下のように定義します．

$$\sum_{i=1}^{I_l} x_i a_{i_1 i_2 \ldots i_L} = b_{i_1 i_2 \ldots i_{l-1} i_{l+1} \ldots i_L} \tag{5.1}$$

ここで $\mathcal{B}$ は $(L-1)$ 次のテンソルで，そのサイズは $I_1 \times \cdots \times I_{l-1} \times I_{l+1} \times \cdots \times I_L$ となります．

同様に行列とテンソルの積についても考えます．ベクトルとの積では特定のモードが「つぶれる」ような演算を考えましたが，行列との積では特定のモードの次元が「伸び縮みする」ような演算を考えます．すなわち，上で定義した L 次テンソル $\mathcal{A}$ と $I_l \times J$ 行列 $\boldsymbol{Y}$ とのモード l 積は $I_1 \times \cdots \times I_{l-1} \times J \times I_{l+1} \times \cdots \times I_L$ テンソル $\mathcal{C} = \mathcal{A} \times_l \boldsymbol{Y}$ を返すものとし，その要素を以下のように定義します．

$$c_{i_1 i_2 \ldots i_{l-1} i' i_{l+1} \ldots i_L} = \sum_{i=1}^{I_l} y_{ij} a_{i_1 i_2 \ldots i_L} \tag{5.2}$$

一見複雑なようにみえますが，$L=3$ の場合に要素ごとにみると理解しやすいかと思います．$\boldsymbol{E}, \boldsymbol{F}, \boldsymbol{G}$ をそれぞれ $I_1 \times R, I_2 \times R, I_3 \times R$ 行列とすると，すべての $r \in [R], i \in [I_1], j \in [I_2], k \in [I_3]$ について以下の関係が成り立ちます (図 5.2)．

$$[\mathcal{A} \times_1 \boldsymbol{E}]_{rjk} = \sum_{i=1}^{I_1} a_{ijk} e_{ir}$$

$$[\mathcal{A} \times_2 \boldsymbol{F}]_{irk} = \sum_{j=1}^{I_2} a_{ijk} f_{jr}$$

$$[\mathcal{A} \times_3 \boldsymbol{G}]_{ijr} = \sum_{k=1}^{I_3} a_{ijk} g_{kr}$$

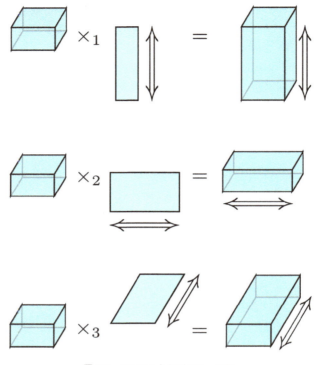

図 5.2 テンソルと行列のモード積.

> **注意**
>
> ベクトル, 行列もテンソルなので, それらの間のモード積も定義されます. たとえば $I \times J$ 行列 $\boldsymbol{A}$, $I \times K$ 行列 $\boldsymbol{B}$, $J \times N$ 行列 $\boldsymbol{C}$ に対し, $\boldsymbol{A} \times_1 \boldsymbol{B} \times_2 \boldsymbol{C} = \boldsymbol{B}^\top \boldsymbol{A} \boldsymbol{C}$ です.

重複するモード積は, 定義より行列の積としてまとめることができます. すなわち,

$$\mathcal{A} \times_1 \boldsymbol{E} \times_1 \boldsymbol{F} = \mathcal{A} \times_1 (\boldsymbol{E}\boldsymbol{F}) \tag{5.3}$$

です．行列の積の性質より，重複するモード積の順番が代わると結果も変わることに注意してください．すなわち式 (5.3) と $\mathcal{A} \times_1 \boldsymbol{F} \times_1 \boldsymbol{E} = \mathcal{A} \times_1 (\boldsymbol{F}\boldsymbol{E})$ は一般的に異なる結果となります．

しかし，対象となるモードが異なる場合は積をとる順番を入れ替えても結果が変わらない，すなわち可換性が成り立ちます．

$$\mathcal{A} \times_1 \boldsymbol{E} \times_2 \boldsymbol{F} = \mathcal{A} \times_2 \boldsymbol{F} \times_1 \boldsymbol{E}$$

注意

異なるモードに関するモード積はまとめることはできません．たとえば $\mathcal{A} \times_1 \boldsymbol{E} \times_2 \boldsymbol{F}$ と $\mathcal{A} \times_1 (\boldsymbol{E}\boldsymbol{F})$ は一般には異なります（そもそも $\boldsymbol{E}$ の列数と $\boldsymbol{F}$ の行数が異なれば $\boldsymbol{E}\boldsymbol{F}$ は定義されません）．

5.2.3 スライス

$I \times J$ 行列 $\boldsymbol{X}$ に対し，

- $i \in [I]$ 番目の行を止めて列方向にインデックスを動かすことで行ベクトル $\boldsymbol{x}_{i:}$
- $j \in [J]$ 番目の列を止めて行方向にインデックスを動かすことで列ベクトル $\boldsymbol{x}_{:j}$

がそれぞれ得られました．これらの操作は指示ベクトルを用いることでベクトル積として定義できます．すなわち，長さ $I \in \mathbb{N}$ で $i \in [I]$ 番目の要素が 1，それ以外が 0 となるような指示ベクトルを $\boldsymbol{e}_i^I$ と表記すると，

$$\boldsymbol{x}_{i:} = \boldsymbol{X}^\top \boldsymbol{e}_i^I, \qquad \boldsymbol{x}_{:j} = \boldsymbol{X} \boldsymbol{e}_j^J$$

となります．

テンソルに対しても同様の操作を導入しましょう．$I_1 \times I_2 \times \cdots \times I_L$ テンソル $\mathcal{X}$ のモード l を $i \in [I_l]$ 番目で固定し，その他のインデックスを動かすことで定義される $I_1 \times \cdots \times I_{l-1} \times I_{l+1} \times \ldots I_L$ テンソルを「i 番目のモード l スライス」と呼ぶこととし，これを $\mathcal{X}_i^{\{l\}}$ と表記することにします．行列の場合と同様，この操作は指示ベクトルとのモード l 積で定義することがで

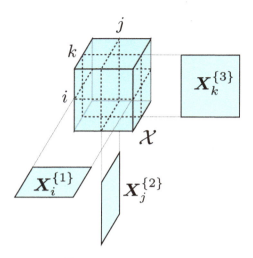

図 5.3 テンソルのスライス.

きます.すなわち,$i \in [I_l]$ に対し

$$\mathcal{X}_i^{\{l\}} = \mathcal{X} \times_l e_i^{I_l}$$

です.例として $L = 3$ の場合,$\boldsymbol{X}_i^{\{1\}}(i \in [I_1])$ は $I_2 \times I_3$ 行列になります (図 5.3).

スライスを使うことでモード l 積をより単純に表すことができます.$i \in [I_l]$ に対し,たとえばテンソルとベクトルのモード l 積 (5.1) は

$$\mathcal{B}_i^{\{l\}} = \sum_{i=1}^{I_l} x_i \mathcal{A}_i^{\{l\}}$$

またテンソルと行列モード l 積 (5.2) は

$$\mathcal{C}_i^{\{l\}} = \sum_{j=1}^{I_l} y_{ij} \mathcal{A}_j^{\{l\}}$$

と書き直せます.

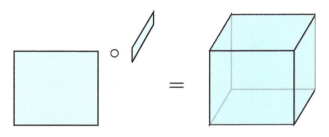

図 5.4 行列とベクトルの外積.

5.2.4 外積

ベクトル x と y の外積 $xy^\top$ は，1 次のテンソル (ベクトル) から 2 次のテンソル (行列) を作り出す操作と捉えることができます．これを一般化し，L 次のテンソルから $L+1$ 次のテンソルを作り出す操作を考えましょう．$I_1 \times \cdots \times I_L$ テンソル $\mathcal{A}$ と I_{L+1} 次元ベクトル b が与えられたとします．5.1 節で触れたように $\mathcal{A}$ のサイズが $I_1 \times \cdots \times I_L \times 1$ でもあることを思い出すと，そのモード $(L+1)$ 積 $\mathcal{A} \times_{(L+1)} b$ は $\mathcal{A}$ のモード $(L+1)$ の次元を 1 から I_{L+1} に増やす操作に対応することがわかります．これによりテンソルとベクトルの外積を定義し，また簡単のため任意のテンソル $\mathcal{X}$ と任意のベクトル y に対し「$\mathcal{X} \times_{(\mathcal{X} \text{の次数}+1)} y$」を「$\mathcal{X} \circ y$」と略記します．この定義より，$\mathcal{A} \circ b$ は $I_1 \times I_2 \times \cdots \times I_{L+1}$ テンソルを返し，その $i \in [I_1]$ 番目のモード $(L+1)$ スライスは以下で与えられます．

$$[\mathcal{A} \circ b]_i^{\{L+1\}} = b_i \mathcal{A}$$

例として $\mathcal{A}$ が行列の場合，$\mathcal{A} \circ b$ は 3 次のテンソルとなります (図 5.4).

5.3 行列演算への変換

以上で定義したテンソルにおける演算をプログラムで実装する際には注意が必要です．ほとんどのプログラミング言語ではモード積といったテンソル上の演算は用意されてはいないため，該当するインデックスに関して for 文を回す形での実装が必要となります．しかしたくさんのインデックスが絡んでくるとプログラムが煩雑になってしまい，バグを生む温床となってしまい

ます.

　幸い，テンソル演算の多くは次に紹介するベクトル化作用素とクロネッカー積を使うことで等価な行列演算として書き直すことができます．書き直された行列演算は BLAS(Basic Linear Algebra Subprograms)[*2] などの標準の線形演算ライブラリが利用できるため高速に計算でき，また高い信頼性をもちます．本節ではその例をいくつか紹介します．

5.3.1　ベクトル化作用素とクロネッカー積

　準備として，テンソルのベクトル化作用素 vec を導入します．これはテンソルの要素を番号が小さいモードからベクトルに並べ替える作用素で，たとえば $I \times J \times K$ テンソル $\mathcal{X}$ に対し $\text{vec}(\mathcal{X})$ は IJK 次元のベクトルを返し，その要素は

$$[\text{vec}(\mathcal{X})]_{i+Ij+IJk} = x_{ijk}$$

として定義されます．また $I \times J$ 行列 $\boldsymbol{A}$ と行列 $\boldsymbol{B}$ に対し，$\boldsymbol{A} \otimes \boldsymbol{B}$ は行列のクロネッカー積

$$\boldsymbol{A} \otimes \boldsymbol{B} = \begin{pmatrix} a_{11}\boldsymbol{B} & \cdots & a_{1J}\boldsymbol{B} \\ \vdots & \ddots & \vdots \\ a_{I1}\boldsymbol{B} & \cdots & a_{IJ}\boldsymbol{B} \end{pmatrix}$$

を表すとします．

5.3.2　モード積，外積，内積

　$I_1 \times I_2 \times \cdots \times I_L$ テンソル $\mathcal{X}$ と $I_l \times I'_l$ 行列 $\boldsymbol{A}_l$ ($l \in [L]$) のモード積は以下のように書き直せます．

$$\text{vec}(\mathcal{X} \times_1 \boldsymbol{A}_1 \times_2 \boldsymbol{A}_2 \cdots \times_L \boldsymbol{A}_L) = (\boldsymbol{A}_1 \otimes \boldsymbol{A}_2 \otimes \cdots \otimes \boldsymbol{A}_L)^\top \text{vec}(\mathcal{X}) \quad (5.4)$$

　外積で定義されるテンソル (すなわちランク 1 テンソル) をベクトル化したものはクロネッカー積で書くことができます．

$$\text{vec}(\boldsymbol{a}_1 \circ \boldsymbol{a}_2 \circ \cdots \circ \boldsymbol{a}_L) = \boldsymbol{a}_1 \otimes \boldsymbol{a}_2 \otimes \cdots \otimes \boldsymbol{a}_L$$

[*2] http://www.netlib.org/blas/

テンソル同士の内積は，定義よりベクトル化したもの同士の内積として書くことができます．すなわち，$I_1 \times I_2 \times \cdots \times I_L$ テンソル $\mathcal{X}'$ に対し，以下の等式が成り立ちます．

$$\langle \mathcal{X}, \mathcal{X}' \rangle = \text{vec}(\mathcal{X})^\top \text{vec}(\mathcal{X}') \tag{5.5}$$

また上で定義した $\mathcal{X}, \mathcal{X}', \boldsymbol{A}_l$ ($l \in [L]$) と $I_l \times I_l'$ 行列 $\boldsymbol{A}_l'$ ($l \in [L]$) に対し，以下の式が成り立ちます．

$$\mathcal{Y} = \mathcal{X} \times_1 \boldsymbol{A}_1 \times_2 \boldsymbol{A}_2 \times_3 \cdots \times_L \boldsymbol{A}_L$$
$$\mathcal{Y}' = \mathcal{X}' \times_1 \boldsymbol{A}_1' \times_2 \boldsymbol{A}_2' \times_3 \cdots \times_L \boldsymbol{A}_L'$$

と書ける $\mathcal{Y}$ と $\mathcal{Y}'$ に対し，その内積は以下のように書き直せます．

$$\begin{aligned}
&\langle \mathcal{Y}, \mathcal{Y}' \rangle \\
&= ((\boldsymbol{A}_1 \otimes \boldsymbol{A}_2 \otimes \cdots \otimes \boldsymbol{A}_L)^\top \text{vec}(\mathcal{X}))^\top (\boldsymbol{A}_1' \otimes \boldsymbol{A}_2' \otimes \cdots \otimes \boldsymbol{A}_L')^\top \text{vec}(\mathcal{X}') \\
&= \text{vec}(\mathcal{X})^\top (\boldsymbol{A}_1^\top \boldsymbol{A}_1' \otimes \boldsymbol{A}_2^\top \boldsymbol{A}_2' \otimes \cdots \otimes \boldsymbol{A}_L^\top \boldsymbol{A}_L') \text{vec}(\mathcal{X})'
\end{aligned}$$

ここで 1 行目から 2 行目へは式 (5.5) と式 (5.4) を使いました．

5.3.3 計算量の注意

ここで紹介したテンソル演算の行列演算化ですが，一般に計算量は増加してしまうことに注意してください．例として $I \times J \times K$ テンソル $\mathcal{X}$ と $I \times I$ 行列 $\boldsymbol{A}$，$J \times J$ 行列 $\boldsymbol{B}$，$K \times K$ 行列 $\boldsymbol{C}$ が与えられ，$I > J > K$ とします．このとき $\mathcal{X} \times_1 \boldsymbol{A} \times_2 \boldsymbol{B} \times_3 \boldsymbol{C}$ のナイーブな計算量は $O(I^2 JK)$ です．これは最大の計算量が $\mathcal{X} \times_1 \boldsymbol{A}$ に掛かり，それが $O(I^2 JK)$ であるためです．一方，ベクトル化とクロネッカー積による演算 $(\boldsymbol{A} \otimes \boldsymbol{B} \otimes \boldsymbol{C})^\top \text{vec}(\mathcal{X})$ の計算量は，$O(I^2 J^2 K^2)$ となります．これは $IJK \times IJK$ 行列 $\boldsymbol{A} \otimes \boldsymbol{B} \otimes \boldsymbol{C}$ と IJK 次元のベクトル $\text{vec}(\mathcal{X})$ との積から出てくるものです．すなわち，行列演算化したものは $O(JK)$ 分余計な計算量が掛かることになります．また必要なメモリ量についても，前者は計算途中で $\mathcal{X}$ を越えるものは出てこないので $O(IJK)$ ですが，後者は $\boldsymbol{A} \otimes \boldsymbol{B} \otimes \boldsymbol{C}$ を格納するために $O(I^2 J^2 K^2)$ 必要となります (図 5.5)．

この違いについては，直観的には次のように捉えられます．素直なテンソ

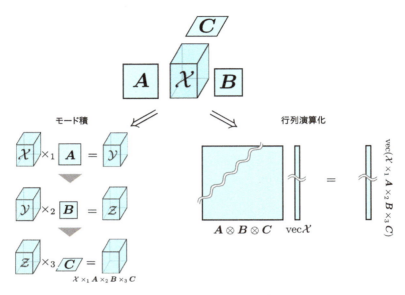

図 5.5 モード積と行列演算化の違い．

ル演算はテンソルを「膨らませる」作業と「圧縮する」作業を同時並行的に行いますが，行列演算化は「膨らませる」作業をまとめて行い (クロネッカー積)，その後に「圧縮する」作業を行う (ベクトルとの積) ため，中間処理に必要な変数の規模が必要以上に大きくなってしまうためです．

> **ヒント**
>
> このように計算量の意味では行列演算化は不利ですが，実際には線形演算ライブラリによるベクトル演算高速化の恩恵が受けられるため実行時間ではむしろ速くなることもあります．

5.3.4 テンソル演算の式展開のコツ

手計算でテンソル演算の式変形をする際は，テンソルの「型」であるサイズ (各モードの次元) を意識することが重要です．テンソルは添字の数が多くなるため混乱しがちですが，これまでに紹介したテンソル上の演算は基本

的には同じ次元をもつモードに対して和をとるため，複数のテンソルが与えられたときは次元が同じモードに着目することで効率的に計算することができるようになります．たとえば $I \times J \times K$ テンソル $\mathcal{X}$ と $J \times R \times S$ テンソル $\mathcal{Y}$ が与えられたとき，$\mathcal{X}$ のモード 2 と $\mathcal{Y}$ のモード 1 のみ次元が一致し，それ以外は一致しません．ここから $\mathcal{X}$ と $\mathcal{Y}$ に関する何らかの演算が出てくればモード 2 とモード 1 に関するものだと推測することができます．

この考えかたは勾配を計算するときにも役立ちます．例として $h(\boldsymbol{b}) = \|\boldsymbol{X} - \mathcal{A} \times_3 \boldsymbol{b}\|_{\text{Fro}}^2$ の $\boldsymbol{b}$ に関する勾配を考えてみましょう (ただし $\boldsymbol{X} \in \mathbb{R}^{I \times J}, \mathcal{A} \in \mathbb{R}^{I \times J \times K}, \boldsymbol{b} \in \mathbb{R}^K$)．まず各変数をスカラだと思うと h は $(x - ab)^2$ となり，その微分は $\frac{\partial (x-ab)^2}{\partial b} = -2(x-ab)a$ となります．これより h の勾配もだいたいこの形になると推測できます．あとは $(x-ab)$ と a の間の積が h の勾配ではどうなっているかを見ます．もともとの変数のサイズを思い返すと

- $(\boldsymbol{X} - \mathcal{A} \times_3 \boldsymbol{b})$ のサイズは $I \times J$
- $\mathcal{A}$ のサイズは $I \times J \times K$

とモード 1 と 2 の次元が一致しており，かつ $\boldsymbol{b}$ の次元が K であることから「モード 1 と 2 に関しては和をとって縮約し，モード 3 はそのまま」となることが予想できます．実際に h を要素ごとの和として書き直して b_k ($k \in [K]$) に関して微分すると

$$\frac{\partial h}{\partial b_k} = \frac{\partial}{\partial b_k} \sum_{i=1}^{I} \sum_{j=1}^{J} (x_{ij} - \sum_{k'=1}^{K} a_{ijk'} b_{k'})^2$$
$$= -2 \sum_{i=1}^{I} \sum_{j=1}^{J} (x_{ij} - \sum_{k'=1}^{K} a_{ijk'} b_{k'}) a_{ijk}$$

となり，予想が正しいことが確かめられました．

> **注意**
>
> 本項で紹介した方法はテンソル演算の「あたり」をつけるうえで有用ですが，このような予想は必ずしも正しいとは限りません．特に微分に関しては必ず要素ごとの微分を計算して検算することをおすすめします．

Chapter 6

テンソル分解

> 行列データの解析に行列分解が使われるように,テンソルデータの解析にはテンソル分解が使われます.本章ではテンソル分解の基本的な考えかたやアルゴリズムなどについて紹介します.

6.1 テンソルの次元圧縮

　テンソルは行列に比べて要素数が増えやすい性質をもっています.すべてのモードの次元が同じ場合 ($I = J = K > 1$) を考えると,行列は要素数が I^2 なのに対し,3次のテンソルは I^3,L 次のテンソルは I^L となります.このように次数が高くなればなるほど,I が小さくても要素数が急激に増えることがわかります.このような大規模性をうまく扱うにはどうすればいいでしょうか.直観的に考えると,行列分解で見てきた次元圧縮の考えかたが使えそうです.本節ではそれについて考えてみましょう.

　簡単のためにテンソルの次数は3とし,データとして $I \times J \times K$ の大きさをもつテンソル $\mathcal{X}$ が与えられたとします.さて,行列における次元圧縮では行列の各行ベクトルがより低次元の空間で表現されることを仮定しました.テンソルにおいては「行ベクトル」に対応するものとして「モード1スライス」を考えましょう.そうするとテンソルにおける次元圧縮とは「各モード1スライスが低次元空間のベクトルとして表現されること」として捉えられます.ここで「モード1スライス」は行列なので,この次元圧縮を考えるにはベクトルから行列への写像が必要となります.これをわかりやすくするた

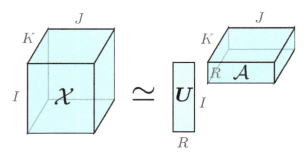

図 6.1 テンソルにおける次元圧縮.

め 5.3 節で紹介したベクトル化作用素 vec を使っていったんモード 1 スライスをベクトル化しましょう．こうするとベクトルからベクトルへの写像を考えればよいので線形代数の枠組みで取り扱うことができます．

$I \times R$ 行列 U を考え，その $i \in [I]$ 番目の行ベクトル $u_{i:}$ から (ベクトル化した) i 番目のモード 1 スライス $\text{vec}(X_i^{\{1\}}) \in \mathbb{R}^{JK}$ への写像を考えます．これは $JK \times R$ 行列 A および JK 次元の誤差ベクトル ϵ_i によって以下のように表現できます．

$$\text{vec}(X_i^{\{1\}}) = A u_{i:} + \epsilon_i$$
$$= \sum_{r=1}^{R} u_{ir} a_r + \epsilon_i$$

ベクトル化作用素をはずすと以下のようになります．

$$X_i^{\{1\}} = \mathcal{A} \times_1 u_{i:} + E_i \tag{6.1}$$

ただし E_i はベクトル化すると ϵ_i となる行列とします．式 (6.1) を i についてまとめると図 6.1 のように書くことができます．また，もし $E_i = O$ の場合，ベクトルから行列への写像がテンソル $\mathcal{A} \in \mathbb{R}^{R \times J \times K}$ として表現できることがわかります (図 6.2)．

これでひとまずテンソルにおける次元圧縮ができましたが，行列分解と比べると以下の 2 つの要素が不足していることがわかります．

パラメータ数の線形性 $I \times J$ 行列 X のランク R 行列分解を考えるとパラ

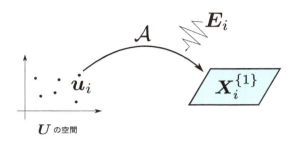

図 6.2 $\mathcal{A}$ による U の行ベクトルから $\mathcal{X}$ のモード 1 スライスへの写像.

メータ数は $(I+J)R$ であり，R が定数だとするとこれはデータの次元 I, J に対して線形オーダでした．一方テンソル次元圧縮 (6.1) は，$I \times J \times K$ テンソル $\mathcal{X}$ を $\mathcal{A}$ (要素数 RJK) と U (要素数 IR) の合計 $R(JK+I)$ 個のパラメータで表現します．しかしながら，もともと $\mathcal{X}$ に含まれていた次元の積 JK がまだパラメータ表現に残っています．これは IJK に比べると小さいとはいえもとの次元の 2 乗オーダであり，J, K がどちらも大きいようなテンソルデータを扱う場合には負担となります．また統計的な意味でも，データがもつ情報量 ($\simeq$ データテンソルの要素数) に比べモデルの複雑度 ($\simeq$ パラメータの総数) が大きいため，$\mathcal{A}, U$ の推定精度がよりノイズに左右されやすくなります[*1]．

分解の対称性　行列分解ではデータの行と列を特別に区別はしていませんでした．すなわち，任意の $I \times J$ 行列 X と $R \geq \min(I, J)$ に対し，2 つのランク R 行列分解 $X \to UV^\top$ と $X^\top \to \tilde{U}\tilde{V}^\top$ は等価な結果を返します ($\min_{U,V} f_{\text{std}}(X; U, V) = \min_{\tilde{U},\tilde{V}} f_{\text{std}}(X^\top; \tilde{U}, \tilde{V})$)．しかしテンソル次元圧縮 (6.1) では分解は非対称です．たとえば $I \times J \times K$ テンソルとそのモード 1 と 2 をひっくり返した $J \times I \times K$ テンソルにおいては，両者の次元圧縮は本質的に異なる結果を返します．これは，たとえば 3 次元空間における X, Y, Z 座標のように解析したいテンソルの各モードが同程度重要な場合，圧縮する次元の選択によって結果が異なってしまうため好ましくない性質となります．

まず「パラメータ数の線形性」について考えてみると，これを満たすため

[*1] いわゆるバイアス・バリアンス分解の意味でのバリアンスが高い状況です．

には $\mathcal{A}$ をさらに分解すればいいように思えます．しかし，その場合に「分解の対称性」も同時に満たすことはできるでしょうか．これは実は可能であり，そのような分解は少なくとも 2 つ存在します．本章ではこの 2 つの分解—CP 分解とタッカー分解—を主として取り扱います．

以降，本書では記法の簡便さを優先し 3 次のテンソルの場合について取り扱っていきますが，テンソル分解は 3 次以上の高次テンソルに対しても同様に定義できます．一般の場合について知りたい方は文献[9, 39]を参照してください．

6.2 CP 分解

本節では，与えられたテンソルをランク 1 テンソルの和に分解する方法である CP 分解を紹介します．

6.2.1 動機

式 (6.1) の $\mathcal{A}$ をさらに分解することを考えましょう．$\mathcal{A}$ はテンソルなのでいろいろな分解の仕方が考えられますが，最も単純な分解の 1 つとして $\boldsymbol{A}_r^{\{1\}}$ をすべての r についてランク 1 に制限するやり方が考えられます．これは $J \times R$ 行列 $\boldsymbol{V}$ と $K \times R$ 行列 $\boldsymbol{W}$ を用意し，それぞれの列ベクトル $\boldsymbol{v}_{:r}$ と $\boldsymbol{w}_{:r}$ によって $\boldsymbol{A}_r^{\{1\}} = \boldsymbol{v}_{:r} \boldsymbol{w}_{:r}^\top$ と表現することに対応します．これにより，$\boldsymbol{X}_i^{\{1\}}$ は $\sum_{r=1}^R u_{ir} \boldsymbol{v}_{:r} \boldsymbol{w}_{:r}^\top$ として表現されます．外積を使うと，テンソル全体をまとめて以下のように書けます．

$$\mathcal{X} \simeq \sum_{r=1}^R \boldsymbol{u}_{:r} \circ \boldsymbol{v}_{:r} \circ \boldsymbol{w}_{:r}$$

これは $\mathcal{X}$ の各成分ごとに見ると以下のように書けます．

$$x_{ijk} \simeq \sum_{r=1}^R u_{ir} v_{jr} w_{kr} \tag{6.2}$$

分解 (6.2) は，ある意味でテンソルにおける「ランク R」の分解をしていると考えることができるでしょう．すなわち，行列では 2 つのベクトルの外積で表現される行列が「ランク 1 行列」と定義されたように，3 次のテンソル

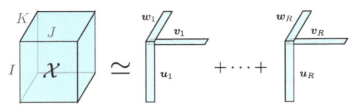

図 6.3 CP 分解.

において 3 つのベクトルの外積で表現される行列を「ランク 1 テンソル」だとすると，式 (6.2) は $\mathcal{X}$ を R 個の「ランク 1 テンソル」の和で表現しています (図 6.3)．これを**ランク R CP 分解 (rank-R CP decomposition)**[18]と呼びます．

CP 分解が「パラメータ数の線形性」と「分解の対称性」を満たしていることを確認しましょう．CP 分解のパラメータは U, V, W であり，これらの要素の総数は $(I+J+K)R$ です．これは R が定数だとすると $\mathcal{X}$ のすべての次元に対して線形オーダです．また定義から明らかなようにいずれのモードも同じ形で分解されており，その分解結果は $\mathcal{X}$ の任意のモードの入れ替えに対して不変です．

ヒント

式 (6.2) で表現されるテンソル分解は歴史的には正準分解 (Canonical Decomposition, CANDECOMP) や並行因子解析 (Parallel Factor Analysis, PARAFAC) などと呼ばれてきましたが，最近はこの 2 つの頭文字を合わせて CP 分解と呼ぶことが一般的になってきました．なお，正準多項分解 (Canonical Polyadic Decomposition) の略とする場合もあるようです．

6.2.2 目的関数

CP 分解はパラメータとして $U = (u_{:1}, \ldots, u_{:R}), V = (v_{:1}, \ldots, v_{:R}), W = (w_{:1}, \ldots, w_{:R})$ をもっており，これらを求める必要があります．行列分解のときと同じように 2 乗誤差を最小化する U, V, W を推定することを考えま

しょう．このとき誤差は $\mathcal{E} = \mathcal{X} - \sum_{r=1}^{R} \boldsymbol{u}_{:r} \circ \boldsymbol{v}_{:r} \circ \boldsymbol{w}_{:r}$ なので，$I \times J \times K$ テンソル $\mathcal{X}$ のランク R CP 分解の問題は以下のように定義されます．

$$\min_{\boldsymbol{U},\boldsymbol{V},\boldsymbol{W}} f^{\mathrm{CP}}(\boldsymbol{U},\boldsymbol{V},\boldsymbol{W}) \tag{6.3}$$

$$f^{\mathrm{CP}}(\boldsymbol{U},\boldsymbol{V},\boldsymbol{W}) = \frac{1}{2} \|\mathcal{X} - \sum_{r=1}^{R} \boldsymbol{u}_{:r} \circ \boldsymbol{v}_{:r} \circ \boldsymbol{w}_{:r}\|_{\mathrm{Fro}}^2$$

また行列分解と同様に ℓ^2 正則化を加えることもでき，その場合の目的関数 $f_{\ell 2}^{\mathrm{CP}}(\boldsymbol{U},\boldsymbol{V},\boldsymbol{W})$ は以下となります．

$$f_{\ell 2}^{\mathrm{CP}}(\boldsymbol{U},\boldsymbol{V},\boldsymbol{W}) = f^{\mathrm{CP}}(\boldsymbol{U},\boldsymbol{V},\boldsymbol{W}) + \frac{\lambda}{2}(\|\boldsymbol{U}\|_{\mathrm{Fro}}^2 + \|\boldsymbol{V}\|_{\mathrm{Fro}}^2 + \|\boldsymbol{W}\|_{\mathrm{Fro}}^2) \tag{6.4}$$

標準行列分解では特異値分解によって解が一意に求まりましたが，CP 分解では必ずしもそうはならないことに注意してください．CP 分解で解が一意であるためには**クラスカル条件 (Kruskal condition)**[41] が必要となります．

> **定理 6.1（クラスカル条件）**
>
> $R \in \mathbb{N}$ に対し $I \times J \times K$ テンソル $\mathcal{X}$ の CP 分解が $\mathcal{X} = \sum_{r=1}^{R} \boldsymbol{u}_r \circ \boldsymbol{v}_r \circ \boldsymbol{w}_r$ と与えられたとします．この CP 分解は以下の条件を満たすとき一意であることが保証されます．
>
> $$\mathrm{krank}(\boldsymbol{U}) + \mathrm{krank}(\boldsymbol{V}) + \mathrm{krank}(\boldsymbol{W}) \geq 2R + 2$$
>
> ここで $\mathrm{krank}(\boldsymbol{U})$ は，「行列 $\boldsymbol{U}$ の任意の k 個の列ベクトルが線形独立となる」もののうち最大となる k です．

6.2.3 アルゴリズム

CP 分解を解くアルゴリズムとしてはイェンリッヒのアルゴリズム[18] が知られていますが，これは式 (6.3) の最適化に特化したものであり，ℓ^2 正則化 (6.4) やほかの損失関数に拡張した場合には使えません．ここでは汎用性

を重視し，勾配法に基づく最適化アルゴリズムを導出します．

勾配ベースの最適化アルゴリズム導出の準備として，$I \times R$ 行列 $\boldsymbol{\Theta}^{(1)} = \{\theta_{ir}^{(1)}\}$，$J \times R$ 行列 $\boldsymbol{\Theta}^{(2)} = \{\theta_{jr}^{(2)}\}$，$K \times R$ 行列 $\boldsymbol{\Theta}^{(3)} = \{\theta_{kr}^{(3)}\}$ を以下のように定義します．

$$\begin{aligned}
\theta_{ir}^{(1)} &= \langle \boldsymbol{X}_i^{\{1\}}, \boldsymbol{v}_{:r} \circ \boldsymbol{w}_{:r} \rangle = \boldsymbol{v}_{:r}^\top \boldsymbol{X}_i^{\{1\}} \boldsymbol{w}_{:r} \\
\theta_{jr}^{(2)} &= \langle \boldsymbol{X}_j^{\{2\}}, \boldsymbol{u}_{:r} \circ \boldsymbol{w}_{:r} \rangle = \boldsymbol{u}_{:r}^\top \boldsymbol{X}_j^{\{2\}} \boldsymbol{w}_{:r} \\
\theta_{kr}^{(3)} &= \langle \boldsymbol{X}_k^{\{3\}}, \boldsymbol{u}_{:r} \circ \boldsymbol{v}_{:r} \rangle = \boldsymbol{u}_{:r}^\top \boldsymbol{X}_k^{\{3\}} \boldsymbol{v}_{:r}
\end{aligned} \tag{6.5}$$

A）1次交互勾配降下法

勾配を計算するため，目的関数 (6.3) を要素ごとの和の形で書き直します．これは以下のように書けます．

$$f^{\mathrm{CP}}(\boldsymbol{U}, \boldsymbol{V}, \boldsymbol{W}) = \frac{1}{2} \sum_{i=1}^I \sum_{j=1}^J \sum_{k=1}^K (x_{ijk} - y_{ijk})^2$$

ここで，$y_{ijk} = \sum_{r=1}^R u_{ir} v_{jr} w_{kr}$ です．まず $\boldsymbol{U}$ に関する微分を考えましょう．要素ごとの微分を考えると，これは以下となります．

$$\begin{aligned}
\frac{\partial f^{\mathrm{CP}}}{\partial u_{ir}} &= \frac{1}{2} \sum_{i=1}^I \sum_{j=1}^J \sum_{k=1}^K \frac{\partial (x_{ijk} - y_{ijk})^2}{\partial u_{ir}} \\
&= \sum_{j=1}^J \sum_{k=1}^K (x_{ijk} - y_{ijk}) \frac{-\partial y_{ijk}}{\partial u_{ir}} \\
&= -\langle (\mathcal{X} - \mathcal{Y})_i^{\{1\}}, \frac{\partial \mathrm{Y}_i^{\{1\}}}{\partial u_{ir}} \rangle \\
&= -\langle \boldsymbol{X}_i^{\{1\}}, \frac{\partial \mathrm{Y}_i^{\{1\}}}{\partial u_{ir}} \rangle + \langle \mathrm{Y}_i^{\{1\}}, \frac{\partial \mathrm{Y}_i^{\{1\}}}{\partial u_{ir}} \rangle \\
&= -\theta_{ir}^{(1)} + \sum_{r'=1}^R u_{ir'} \boldsymbol{v}_{:r'}^\top \boldsymbol{v}_{:r'} \boldsymbol{w}_{:r'}^\top \boldsymbol{w}_{:r'} \\
&= -\theta_{ir}^{(1)} + \langle \boldsymbol{u}_{i:}, (\boldsymbol{V}^\top \boldsymbol{v}_{:r}) * (\boldsymbol{W}^\top \boldsymbol{w}_{:r}) \rangle
\end{aligned}$$

ただし，5行目にて $\mathrm{Y}_i^{\{1\}}$ の微分が定義より $\frac{\partial \mathrm{Y}_i^{\{1\}}}{\partial u_{ir}} = \boldsymbol{v}_{:r} \boldsymbol{w}_{:r}^\top$ となることを使いました．また「*」は 4.1 節で説明したアダマール積です．これを r 方向に

ついてまとめると，$\boldsymbol{u}_i$ に関する勾配がまとまった形で得られます．

$$\nabla_{\boldsymbol{u}_i} f^{\mathrm{CP}}(\boldsymbol{U}, \boldsymbol{V}, \boldsymbol{W}) = -\boldsymbol{\theta}_i^{(1)} + (\boldsymbol{V}^\top \boldsymbol{V} * \boldsymbol{W}^\top \boldsymbol{W})\boldsymbol{u}_{i:}$$

ただしアダマール積の計算順序は行列積よりも後，すなわち $\boldsymbol{V}^\top \boldsymbol{V} * \boldsymbol{W}^\top \boldsymbol{W}$ は $(\boldsymbol{V}^\top \boldsymbol{V}) * (\boldsymbol{W}^\top \boldsymbol{W})$ を意味するとします．

この結果を使って ℓ^2 正則化 CP 分解の勾配も求めることができます．その目的関数は CP 分解の目的関数と正則化項の足し算で与えられるので，

$$\begin{aligned}
\nabla_{\boldsymbol{u}_i} f_{\ell 2}^{\mathrm{CP}}(\boldsymbol{U}, \boldsymbol{V}, \boldsymbol{W}) &= \nabla_{\boldsymbol{u}_i} f^{\mathrm{CP}}(\boldsymbol{U}, \boldsymbol{V}, \boldsymbol{W}) + \nabla_{\boldsymbol{u}_i} \frac{\lambda}{2}\|\boldsymbol{U}\|_{\mathrm{Fro}}^2 \\
&= -\boldsymbol{\theta}_i^{(1)} + (\boldsymbol{V}^\top \boldsymbol{V} * \boldsymbol{W}^\top \boldsymbol{W})\boldsymbol{u}_{i:} + \lambda \boldsymbol{u}_i \\
&= -\boldsymbol{\theta}_i^{(1)} + (\boldsymbol{V}^\top \boldsymbol{V} * \boldsymbol{W}^\top \boldsymbol{W} + \lambda \boldsymbol{I})\boldsymbol{u}_{i:} \quad (6.6)
\end{aligned}$$

となります．$\boldsymbol{V}$, $\boldsymbol{W}$ に関しても同様の手順を踏むことにより，以下のように勾配を得ることができます．

$$\nabla_{\boldsymbol{v}_j} f_{\ell 2}^{\mathrm{CP}}(\boldsymbol{U}, \boldsymbol{V}, \boldsymbol{W}) = -\boldsymbol{\theta}_j^{(2)} + (\boldsymbol{U}^\top \boldsymbol{U} * \boldsymbol{W}^\top \boldsymbol{W} + \lambda \boldsymbol{I})\boldsymbol{v}_{j:}$$

$$\nabla_{\boldsymbol{w}_k} f_{\ell 2}^{\mathrm{CP}}(\boldsymbol{U}, \boldsymbol{V}, \boldsymbol{W}) = -\boldsymbol{\theta}_k^{(3)} + (\boldsymbol{U}^\top \boldsymbol{U} * \boldsymbol{V}^\top \boldsymbol{V} + \lambda \boldsymbol{I})\boldsymbol{w}_{k:}$$

以上で求めた勾配を使うことにより，ℓ^2 正則化 CP 分解の 1 次交互最適化

アルゴリズム 6.1 ℓ^2 正則化 CP 分解の 1 次交互勾配降下法．θ の定義は式 (6.5) 参照．

入力：テンソル $\mathcal{X} \in \mathbb{R}^{I \times J \times K}$, ランク $R \in \mathbb{N}$, 正則化係数 $\lambda \geq 0$, 学習率 $\eta > 0$, 精度 $\epsilon > 0$.
出力：因子行列 $\boldsymbol{U} \in \mathbb{R}^{I \times R}, \boldsymbol{V} \in \mathbb{R}^{J \times R}, \boldsymbol{W} \in \mathbb{R}^{K \times R}$.
1: $\boldsymbol{U}, \boldsymbol{V}, \boldsymbol{W}$ を乱数で初期化
2: **repeat**
3:     $g \leftarrow f_{\ell 2}^{\mathrm{CP}}(\boldsymbol{U}, \boldsymbol{V}, \boldsymbol{W})$
4:     for $i \in [I]$: $\boldsymbol{u}_i \leftarrow \boldsymbol{u}_i - \eta((\boldsymbol{V}^\top \boldsymbol{V} * \boldsymbol{W}^\top \boldsymbol{W} + \lambda \boldsymbol{I})\boldsymbol{u}_{i:} - \boldsymbol{\theta}_i^{(1)})$
5:     for $j \in [J]$: $\boldsymbol{v}_j \leftarrow \boldsymbol{v}_j - \eta((\boldsymbol{U}^\top \boldsymbol{U} * \boldsymbol{W}^\top \boldsymbol{W} + \lambda \boldsymbol{I})\boldsymbol{v}_{j:} - \boldsymbol{\theta}_j^{(2)})$
6:     for $k \in [K]$: $\boldsymbol{w}_k \leftarrow \boldsymbol{w}_k - \eta((\boldsymbol{U}^\top \boldsymbol{U} * \boldsymbol{V}^\top \boldsymbol{V} + \lambda \boldsymbol{I})\boldsymbol{w}_{k:} - \boldsymbol{\theta}_k^{(3)})$
7: **until** $|g - f_{\ell 2}^{\mathrm{CP}}(\boldsymbol{U}, \boldsymbol{V}, \boldsymbol{W})|/f_{\ell 2}^{\mathrm{CP}}(\boldsymbol{U}, \boldsymbol{V}, \boldsymbol{W}) < \epsilon$

法が得られます (アルゴリズム 6.1).

B) 疑似 2 次交互勾配降下法

次にアルゴリズムの収束を速めるため，2 次の情報を使った勾配法について考えましょう．式 (6.6) の第 1 項は U には依存しておらず，また第 2 項は u_i のみに依存していることから，$\nabla_{u_i}\nabla_{u_{i'}}^\top f_{\ell 2}^{\mathrm{CP}}(U,V,W)$ は $i' \neq i$ のときすべての要素が 0 となります．そのため $i' = i$ の場合のみを考えればよく，その値は以下となります．

$$\nabla_{u_i}\nabla_{u_i}^\top f_{\ell 2}^{\mathrm{CP}} = V^\top V * W^\top W + \lambda I$$

V, W に関しても同様に書けます．

$$\nabla_{v_j}\nabla_{v_j}^\top f_{\ell 2}^{\mathrm{CP}} = U^\top U * W^\top W + \lambda I$$
$$\nabla_{w_k}\nabla_{w_k}^\top f_{\ell 2}^{\mathrm{CP}} = U^\top U * V^\top V + \lambda I$$

行列分解 (4.4.2 項) と同様に，ヘッセ行列をブロック対角近似したときの更新式を考えましょう．更新式を展開すると，

アルゴリズム 6.2　ℓ^2 正則化 CP 分解の疑似 2 次交互勾配降下法．θ の定義は式 (6.5) 参照．

入力：テンソル $\mathcal{X} \in \mathbb{R}^{I \times J \times K}$，ランク $R \in \mathbb{N}$，正則化係数 $\lambda \geq 0$，学習率 $\eta > 0$，精度 $\epsilon > 0$.
出力：因子行列 $U \in \mathbb{R}^{I \times R}, V \in \mathbb{R}^{J \times R}, W \in \mathbb{R}^{K \times R}$.
1: U, V, W を乱数で初期化
2: **repeat**
3: 　　$g \leftarrow f_{\ell 2}^{\mathrm{CP}}(U, V, W)$
4: 　　for $i \in [I]$: $u_i \leftarrow (1-\eta)u_i + \eta(V^\top V * W^\top W + \lambda I)^{-1}\theta_i^{(1)}$
5: 　　for $j \in [J]$: $v_j \leftarrow (1-\eta)v_j + \eta(U^\top U * W^\top W + \lambda I)^{-1}\theta_j^{(2)}$
6: 　　for $k \in [K]$: $w_k \leftarrow (1-\eta)w_k + \eta(U^\top U * V^\top V + \lambda I)^{-1}\theta_k^{(3)}$
7: **until** $|g - f_{\ell 2}^{\mathrm{CP}}(U, V, W)|/f_{\ell 2}^{\mathrm{CP}}(U, V, W) < \epsilon$

$$\begin{aligned}
&\boldsymbol{u}_i - \eta(\nabla_{\boldsymbol{u}_i}\nabla_{\boldsymbol{u}_i}^\top f_{\ell 2}^{\mathrm{CP}})^{-1}\nabla_{\boldsymbol{u}_i}f_{\ell 2}^{\mathrm{CP}} \\
&= \boldsymbol{u}_i - \eta(\boldsymbol{u}_i - (\boldsymbol{V}^\top\boldsymbol{V}*\boldsymbol{W}^\top\boldsymbol{W}+\lambda\boldsymbol{I})^{-1}\boldsymbol{\theta}_i^{(1)}) \\
&= (1-\eta)\boldsymbol{u}_i + \eta(\boldsymbol{V}^\top\boldsymbol{V}*\boldsymbol{W}^\top\boldsymbol{W}+\lambda\boldsymbol{I})^{-1}\boldsymbol{\theta}_i^{(1)}
\end{aligned}$$

となります．$\boldsymbol{V},\boldsymbol{W}$ についても同様に導出できます．これらの更新式を使うことにより，ℓ^2 正則化 CP 分解の疑似 2 次交互最適化法が得られます (アルゴリズム 6.2)．

6.3 タッカー分解

本節では CP 分解に比べてより複雑な表現が可能であるタッカー分解を紹介します．

6.3.1 動機

CP 分解は，テンソル次元圧縮 (6.1) にて登場したテンソル $\mathcal{A}$ をランク 1 行列の積み重ねで表現したものとして定義できました．この表現はテンソルのランク分解に対応しており，行列分解の自然な拡張の 1 つとして捉えられます．しかしながら，この表現には

- $\mathcal{A}$ の各スライスがランク 1
- すべてのモードが同じランク

といった強い仮定が入っています．もし現実のデータがこの仮定にあってない場合，近似誤差が大きくなる可能性があります．

これを避けるべく，仮定を緩めた分解を考えましょう．思い返すと，テンソル次元圧縮では「それぞれ次元が I,J,K で与えられる 3 つのモードをもつ $\mathcal{X}$」を「J および K のモードに関する情報をもつ $\mathcal{A}$」と「I のモードに関する情報をもつ $\boldsymbol{U}$」に分離しました．この考えを延長し，$\mathcal{A}$ の残りのモード (J,K) に関しても情報を分離することを考えてみます．J を $S \leq J$ の次元に落とすとすると，これは $R \times S \times K$ テンソルの $\mathcal{B}$ と $J \times R$ 行列 $\boldsymbol{V}$ を使って $\mathcal{A} \simeq \mathcal{B} \times_2 \boldsymbol{V}^\top$ と表現できます．さらに残りの K についても $T \leq K$ の次元に情報を落とすとすると，$\mathcal{B} \simeq \mathcal{C} \times_3 \boldsymbol{W}^\top$ と書けます．この操作をま

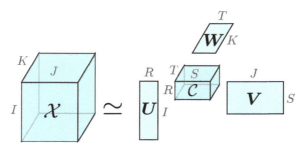

図 6.4　タッカー分解.

とめると,

$$\begin{aligned}\mathcal{X} &\simeq \mathcal{A} \times_1 \boldsymbol{U}^\top \\ &\simeq (\mathcal{B} \times_2 \boldsymbol{V}^\top) \times_1 \boldsymbol{U}^\top \\ &\simeq ((\mathcal{C} \times_3 \boldsymbol{W}^\top) \times_2 \boldsymbol{V}^\top) \times_1 \boldsymbol{U}^\top\end{aligned}$$

と書けます.ここで,モード積の可換性より

$$((\mathcal{C} \times_3 \boldsymbol{W}^\top) \times_2 \boldsymbol{V}^\top) \times_1 \boldsymbol{U}^\top = \mathcal{C} \times_1 \boldsymbol{U}^\top \times_2 \boldsymbol{V}^\top \times_3 \boldsymbol{W}^\top$$

と書き直せることに注意してください.これは要素ごとに書くと

$$\begin{aligned}[\mathcal{C} \times_1 \boldsymbol{U}^\top \times_2 \boldsymbol{V}^\top \times_3 \boldsymbol{W}^\top]_{ijk} &= \mathcal{C} \times_1 \boldsymbol{u}_i \times_2 \boldsymbol{v}_j \times_3 \boldsymbol{w}_k \\ &= \sum_{r=1}^R \sum_{s=1}^S \sum_{t=1}^T c_{rst} u_{ir} v_{js} w_{kt}\end{aligned}$$

となります.この分解を**ランク (R,S,T) タッカー分解** (**rank-(R,S,T) Tucker decomposition**) と呼びます (図 6.4). $\boldsymbol{U}, \boldsymbol{V}, \boldsymbol{W}$ は因子行列, $\mathcal{C}$ はコアテンソルと呼ばれます.ここで,CP 分解ではすべてのモードを同じ次元 (R) に圧縮していたのに対し,タッカー分解ではモードごとに異なる次元 (R,S,T) に圧縮していることに注意してください.

タッカー分解も「パラメータ数の線形性」と「分解の対称性」を満たしています.タッカー分解のパラメータは $\mathcal{C}, \boldsymbol{U}, \boldsymbol{V}, \boldsymbol{W}$ でありそれぞれの要素の総数は $RST + IR + JS + KT$ です. R, S, T が定数だとすると CP 分解と同じく $\mathcal{X}$ のすべての次元 I, J, K に対してパラメータの総要素数は線形オーダ

です.またモードの入れ替えについても圧縮次元を対応させることで分解結果の不変性がいえます.たとえば $\mathcal{X}$ のモード 1 と 2 を入れ替えた $J \times I \times K$ テンソル $\tilde{\mathcal{X}}$ のランク (S, R, T) タッカー分解は,$\mathcal{X}$ のランク (R, S, T) タッカー分解と本質的に同等の結果を返します.

6.3.2 目的関数

CP 分解と同じく 2 乗誤差を最小とするようなパラメータを推定する問題を考えると,$I \times J \times K$ テンソル $\mathcal{X}$ のランク (R, S, T) タッカー分解は以下の問題として定式化されます.

$$\min_{\mathcal{C},\boldsymbol{U},\boldsymbol{V},\boldsymbol{W}} f^{\text{Tucker}}(\mathcal{C},\boldsymbol{U},\boldsymbol{V},\boldsymbol{W})$$

$$f^{\text{Tucker}}(\mathcal{C},\boldsymbol{U},\boldsymbol{V},\boldsymbol{W}) = \frac{1}{2}\|\mathcal{X} - \mathcal{C} \times_1 \boldsymbol{U}^\top \times_2 \boldsymbol{V}^\top \times_3 \boldsymbol{W}^\top\|_{\text{Fro}}^2 \quad (6.7)$$

これにパラメータに対するノルムを加え,ℓ^2 正則化つきのタッカー分解を以下のように定義できます.

$$f_{\ell 2}^{\text{Tucker}}(\mathcal{C},\boldsymbol{U},\boldsymbol{V},\boldsymbol{W}) = f^{\text{Tucker}}(\mathcal{C},\boldsymbol{U},\boldsymbol{V},\boldsymbol{W})$$
$$+ \frac{\lambda}{2} \left(\|\mathcal{C}\|_{\text{Fro}}^2 + \|\boldsymbol{U}\|_{\text{Fro}}^2 + \|\boldsymbol{V}\|_{\text{Fro}}^2 + \|\boldsymbol{W}\|_{\text{Fro}}^2\right)$$
$$(6.8)$$

> **注意**
>
> ℓ^2 正則化タッカー分解 (6.8) において,因子行列とコアテンソルの間には回転に関する不定性があることに注意してください.すなわち任意の回転行列 $\boldsymbol{\Psi}, \boldsymbol{\Phi}, \boldsymbol{\Omega}$ に対し,$\tilde{\boldsymbol{U}} = \boldsymbol{U}\boldsymbol{\Psi}, \tilde{\boldsymbol{V}} = \boldsymbol{V}\boldsymbol{\Phi}, \tilde{\boldsymbol{W}} = \boldsymbol{W}\boldsymbol{\Omega}$,$\tilde{\mathcal{C}} = \mathcal{C} \times_1 \boldsymbol{\Psi}^{-1} \times_2 \boldsymbol{\Phi}^{-1} \times_3 \boldsymbol{\Omega}^{-1}$ としたとき
>
> $$\mathcal{C} \times_1 \boldsymbol{U}^\top \times_2 \boldsymbol{V}^\top \times_3 \boldsymbol{W}^\top = \tilde{\mathcal{C}} \times_1 \tilde{\boldsymbol{U}}^\top \times_2 \tilde{\boldsymbol{V}}^\top \times_3 \tilde{\boldsymbol{W}}^\top$$
>
> かつ $f_{\ell 2}^{\text{Tucker}}(\mathcal{C},\boldsymbol{U},\boldsymbol{V},\boldsymbol{W}) = f_{\ell 2}^{\text{Tucker}}(\tilde{\mathcal{C}},\tilde{\boldsymbol{U}},\tilde{\boldsymbol{V}},\tilde{\boldsymbol{W}})$ となります.この不定性を取り除くため,$\boldsymbol{U},\boldsymbol{V},\boldsymbol{W}$ に対して直交制約を入れてタッカー分解を定義する場合もあります.

6.3.3 アルゴリズム

本項ではタッカー分解を解くアルゴリズムを紹介します．

A) 高次特異値分解

タッカー分解を解くアルゴリズムの 1 つとして**高次特異値分解 (higher-order singular value decomposition)** が知られています[42]．これは 3 次のテンソル $\mathcal{X}$ が与えられたとき，以下のような手順で解を求めます．まず $\mathcal{X}$ をモード 1 に関する情報を保持する $I \times JK$ 行列に変換します．これはたとえば $[\boldsymbol{X}_1^{\{3\}}, \ldots, \boldsymbol{X}_K^{\{3\}}]$ というようにスライスをつなぎあわせて作ることができます．それに対し特異値分解を行い，上位 R 個の左特異値ベクトルを $\boldsymbol{U}$ とします．同じように $\mathcal{X}$ をモード 2 を保持した $J \times IK$ 行列に変換し上位 S 個の左特異値ベクトルを $\boldsymbol{V}$，モード 3 を保持した $K \times IJ$ に変換し上位 T 個の左特異値ベクトルを $\boldsymbol{W}$ とします．最後にコアテンソルを $\mathcal{C} = \mathcal{X} \times_1 \boldsymbol{U} \times_2 \boldsymbol{V} \times_3 \boldsymbol{W}$ として求めます．

高次特異値分解で求めた解は目的関数 (6.7) の最適解とは限らないことに注意してください．よりよい解を求めたい場合は，高次特異値分解を初期値として次に紹介する交互勾配降下法を使うのがよいでしょう．

B) 1 次交互勾配降下法

CP 分解のときと同様，勾配のときに必要な $\mathcal{X}$ とパラメータとの内積で定義される，$I \times R$ 行列 $\boldsymbol{\Omega}^{(1)}$，$J \times S$ 行列 $\boldsymbol{\Omega}^{(2)}$，$K \times T$ 行列 $\boldsymbol{\Omega}^{(3)}$ を以下のように定義します．

$$\omega_{ir}^{(1)} = \langle \boldsymbol{X}_i^{\{1\}}, \boldsymbol{v}_{:r} \circ \boldsymbol{w}_{:r} \rangle = \boldsymbol{v}_{:r}^\top \boldsymbol{X}_i^{\{1\}} \boldsymbol{w}_{:r}$$
$$\omega_{js}^{(2)} = \langle \boldsymbol{X}_j^{\{2\}}, \boldsymbol{u}_{:r} \circ \boldsymbol{w}_{:r} \rangle = \boldsymbol{u}_{:r}^\top \boldsymbol{X}_j^{\{2\}} \boldsymbol{w}_{:r}$$
$$\omega_{kt}^{(3)} = \langle \boldsymbol{X}_k^{\{3\}}, \boldsymbol{u}_{:r} \circ \boldsymbol{v}_{:r} \rangle = \boldsymbol{u}_{:r}^\top \boldsymbol{X}_k^{\{3\}} \boldsymbol{v}_{:r}$$

また $\mathcal{X}$ と全パラメータの内積を表現する $R \times S \times T$ テンソル $\mathcal{G}$ を以下のように定義します．

$$\mathcal{G} = \mathcal{X} \times_1 \boldsymbol{U} \times_2 \boldsymbol{V} \times_3 \boldsymbol{W} \tag{6.9}$$

まず勾配を計算しましょう．$I \times J \times K$ テンソル $\mathcal{Z} = \mathcal{C} \times_1 \boldsymbol{U}^\top \times_2 \boldsymbol{V}^\top \times_3 \boldsymbol{W}^\top$ を使うと目的関数 (6.8) を CP 分解と同じく要素ごとの和の形で書き直

せます.
$$f^{\text{Tucker}}(\mathcal{C}, \boldsymbol{U}, \boldsymbol{V}, \boldsymbol{W}) = \frac{1}{2} \sum_{i=1}^{I} \sum_{j=1}^{J} \sum_{k=1}^{K} (x_{ijk} - z_{ijk})^2$$

まず $\boldsymbol{U}$ についての勾配を考えます. 微分の連鎖律より

$$\begin{aligned}
\frac{\partial f^{\text{Tucker}}}{\partial u_{ir}} &= -\sum_{j=1}^{J} \sum_{k=1}^{K} (x_{ijk} - z_{ijk}) \frac{\partial z_{ijk}}{\partial u_{ir}} \\
&= -\langle (\mathcal{X} - \mathcal{Z})_i^{\{1\}}, \frac{\partial Z_i^{\{1\}}}{\partial u_{ir}} \rangle \\
&= -\langle (\mathcal{X} - \mathcal{Z})_i^{\{1\}}, C_r^{\{1\}} \times_2 \boldsymbol{V}^\top \times_3 \boldsymbol{W}^\top \rangle \\
&= -\omega_{ir}^{(1)} + \langle Z_i^{\{1\}}, C_r^{\{1\}} \times_2 \boldsymbol{V}^\top \times_3 \boldsymbol{W}^\top \rangle \quad (6.10)
\end{aligned}$$

となります. ただし 3 行目で

$$\begin{aligned}
\frac{\partial z_{ijk}}{\partial u_{ir}} &= \sum_{s=1}^{S} \sum_{t=1}^{T} c_{rst} v_{js} w_{kt} \\
&= C_r^{\{1\}} \times_2 \boldsymbol{v}_j \times_3 \boldsymbol{w}_i
\end{aligned}$$

を使いました. また式 (6.10) の第 2 項は以下のように線形代数の演算で書くことができます.

$$\begin{aligned}
&\langle Z_i^{\{1\}}, C_r^{\{1\}} \times_2 \boldsymbol{V}^\top \times_3 \boldsymbol{W}^\top \rangle \\
&= \langle \mathcal{C} \times_1 \boldsymbol{u}_i \times_2 \boldsymbol{V}^\top \times_3 \boldsymbol{W}^\top, C_r^{\{1\}} \times_2 \boldsymbol{V}^\top \times_3 \boldsymbol{W}^\top \rangle \\
&= \langle (\sum_{r'=1}^{R} u_{ir'} C_{r'}^{\{1\}}) \times_2 \boldsymbol{V}^\top \times_3 \boldsymbol{W}^\top, C_r^{\{1\}} \times_2 \boldsymbol{V}^\top \times_3 \boldsymbol{W}^\top \rangle \\
&= \text{tr}(\boldsymbol{V}^\top \boldsymbol{V} (\sum_{r'=1}^{R} u_{ir'} C_{r'}^{\{1\}}) \boldsymbol{W}^\top \boldsymbol{W} C_r^{\{1\}})
\end{aligned}$$

$\boldsymbol{V}, \boldsymbol{W}$ の勾配についても同様に計算できます. 最後に ℓ^2 正則化項の勾配を足すと, これらをまとめると以下となります.

$$\frac{\partial f_{\ell 2}^{\text{Tucker}}}{\partial u_{ir}} = -\omega_{ir}^{(1)} + \text{tr}(\boldsymbol{V}^\top \boldsymbol{V} (\sum_{r'=1}^{R} u_{ir'} C_{r'}^{\{1\}}) \boldsymbol{W}^\top \boldsymbol{W} C_r^{\{1\}}) + \lambda u_{ir}$$

$$\frac{\partial f_{\ell 2}^{\text{Tucker}}}{\partial v_{js}} = -\omega_{js}^{(2)} + \text{tr}(\boldsymbol{U}^\top \boldsymbol{U}(\sum_{s'=1}^{S} v_{js'} C_{s'}^{\{2\}}) \boldsymbol{W}^\top \boldsymbol{W} C_s^{\{2\}}) + \lambda v_{js}$$

$$\frac{\partial f_{\ell 2}^{\text{Tucker}}}{\partial w_{kt}} = -\omega_{kt}^{(3)} + \text{tr}(\boldsymbol{U}^\top \boldsymbol{U}(\sum_{t'=1}^{T} v_{kt'} C_{t'}^{\{3\}}) \boldsymbol{V}^\top \boldsymbol{V} C_t^{\{3\}}) + \lambda w_{kt}$$

次に $\mathcal{C}$ に関する勾配を考えましょう．これに関しても連鎖律より以下となります．

$$\frac{\partial f_{\ell 2}^{\text{Tucker}}}{\partial c_{rst}} = \frac{\partial f^{\text{Tucker}}}{\partial c_{rst}} + \lambda c_{rst}$$

$$\frac{\partial f^{\text{Tucker}}}{\partial c_{rst}} = -\langle \mathcal{X} - \mathcal{Z}, \frac{\partial \mathcal{Z}}{\partial c_{rst}} \rangle$$

$$= -\langle \mathcal{X} - \mathcal{Z}, \boldsymbol{u}_r \circ \boldsymbol{v}_s \circ \boldsymbol{w}_t \rangle$$

$$= -(((\mathcal{X} - \mathcal{Z}) \times_3 \boldsymbol{w}_t) \times_2 \boldsymbol{v}_s) \times_1 \boldsymbol{u}_r$$

$$= -g_{rst} + (\boldsymbol{U}^\top \boldsymbol{u}_r \otimes \boldsymbol{V}^\top \boldsymbol{v}_s \otimes \boldsymbol{W}^\top \boldsymbol{w}_t)^\top \text{vec}(\mathcal{C})$$

アルゴリズム 6.3 ℓ^2 正則化タッカー分解の 1 次交互勾配降下法

入力：テンソル $\mathcal{X} \in \mathbb{R}^{I \times J \times K}$，ランク $R, S, T \in \mathbb{N}$，正則化係数 $\lambda \geq 0$，学習率 $\eta > 0$，精度 $\epsilon > 0$.
出力：因子行列 $\boldsymbol{U} \in \mathbb{R}^{I \times R}, \boldsymbol{V} \in \mathbb{R}^{J \times S}, \boldsymbol{W} \in \mathbb{R}^{K \times T}$，コアテンソル $\mathcal{C} \in \mathbb{R}^{R \times S \times T}$.

1: $\boldsymbol{U}, \boldsymbol{V}, \boldsymbol{W}, \mathcal{C}$ を乱数で初期化
2: **repeat**
3:     $g \leftarrow f_{\ell 2}^{\text{Tucker}}(\boldsymbol{U}, \boldsymbol{V}, \boldsymbol{W})$
4:     for $i \in [I], r \in [R]$: $u_{ir} \leftarrow u_{ir} - \eta \frac{\partial f_{\ell 2}^{\text{Tucker}}}{\partial u_{ir}}$
5:     for $j \in [J], s \in [S]$: $v_{js} \leftarrow v_{js} - \eta \frac{\partial f_{\ell 2}^{\text{Tucker}}}{\partial v_{js}}$
6:     for $k \in [K], t \in [T]$: $w_{kt} \leftarrow w_{kt} - \eta \frac{\partial f_{\ell 2}^{\text{Tucker}}}{\partial w_{kt}}$
7:     $\text{vec}(\mathcal{C}) \leftarrow \text{vec}(\mathcal{C}) - \eta \text{vec}(\nabla_\mathcal{C} f^{\text{Tucker}})$
8: **until** $|g - f_{\ell 2}^{\text{Tucker}}(\boldsymbol{U}, \boldsymbol{V}, \boldsymbol{W})| / f_{\ell 2}^{\text{Tucker}}(\boldsymbol{U}, \boldsymbol{V}, \boldsymbol{W}) < \epsilon$

ここで最後の行の第 1 項は式 (6.9) の定義より，第 2 項は式 (5.4) を使いました．これらは $\text{vec}(\mathcal{C})$ について以下のようにまとめられます．

$$\text{vec}(\nabla_\mathcal{C} f_{\ell 2}^{\text{Tucker}}) = -\text{vec}(\mathcal{G}) + (\boldsymbol{U}^\top \boldsymbol{U} \otimes \boldsymbol{V}^\top \boldsymbol{V} \otimes \boldsymbol{W}^\top \boldsymbol{W} + \boldsymbol{I})^\top \text{vec}(\mathcal{C})$$

以上で求めた勾配より ℓ^2 正則化タッカー分解の 1 次交互勾配降下法が導出できます (アルゴリズム 6.3)．

6.4 CP 分解とタッカー分解の違い

ここまで CP 分解とタッカー分解という 2 つのテンソル分解を紹介してきましたが，両者にはどのような違いがあるのでしょうか．実は，CP 分解はタッカー分解の特殊ケースとして捉えることができます．外積を使うと，タッカー分解は以下のように書き直すことができます．

$$\begin{aligned}
\mathcal{C} \times_1 \boldsymbol{U}^\top \times_2 \boldsymbol{V}^\top \times_3 \boldsymbol{W}^\top &= \sum_{r=1}^{R} (\boldsymbol{u}_{:r} \circ \text{C}_r^{\{1\}}) \times_2 \boldsymbol{V}^\top \times_3 \boldsymbol{W}^\top \\
&= \sum_{r=1}^{R} \sum_{s=1}^{S} (\boldsymbol{u}_{:r} \circ \boldsymbol{v}_{:s} \circ [\text{C}_r^{\{1\}}]_s^{\{2\}}) \times_3 \boldsymbol{W}^\top \\
&= \sum_{r=1}^{R} \sum_{s=1}^{S} \sum_{t=1}^{T} c_{rst} (\boldsymbol{u}_{:r} \circ \boldsymbol{v}_{:s} \circ \boldsymbol{w}_{:t})
\end{aligned}$$

すなわち，タッカー分解は計 RST 個のランク 1 テンソル $\boldsymbol{u}_{:r} \circ \boldsymbol{v}_{:s} \circ \boldsymbol{w}_{:t}$ を $\mathcal{C}$ で重みづけしたものとして捉えられます．そのため，$R = S = T$ かつ $\mathcal{C}$ が単位テンソル ($r \in [R]$ に対して $c_{rrr} = 1$ でそれ以外の要素の値が 0) のとき，CP 分解と等価となります．

6.4.1 類似度としての解釈

行列分解では分解した因子行列を潜在変数だとみなし，類似度としての解釈ができました．テンソル分解においても同様の解釈ができますが，その意味するところは CP 分解とタッカー分解で異なります．

例として，第 5 章冒頭で紹介した「顧客 × 映画 × 時間」テンソルを考えましょう．行列分解のときと同じように各軸ごとに何らかの潜在空間が存在す

るとし，顧客，映画，時間の特徴ベクトルを集めたものをそれぞれ $\boldsymbol{U}, \boldsymbol{V}, \boldsymbol{W}$ とします．このとき，行列分解の考えかたを踏襲すると評価 x_{ijk} は顧客 i，映画 j，時間 k が互いに近い特徴を持っていれば高い値を，異なる特徴をもっていれば低い値をとると考えることができるでしょう．これは，「顧客 i，映画 j，時間 k の近さ」を $\mathrm{sim}(\boldsymbol{u}_{i:}, \boldsymbol{v}_{j:}, \boldsymbol{w}_{k:})$ によって表すとすると

$$x_{ijk} \simeq \mathrm{sim}(\boldsymbol{u}_{i:}, \boldsymbol{v}_{j:}, \boldsymbol{w}_{k:})$$

と書けます．行列分解の場合 (4.2 節) を思い出すと，顧客 i と映画 j の類似度は $\boldsymbol{u}_{i:}^{\top} \boldsymbol{v}_{j:} = \sum_{r=1}^{R} u_{ir} v_{jr}$ として定義されていました．これを素直に拡張したものとして

$$\mathrm{sim}^{\mathrm{CP}}(\boldsymbol{u}_{i:}, \boldsymbol{v}_{j:}, \boldsymbol{w}_{k:}) = \sum_{r=1}^{R} u_{ir} v_{jr} w_{kr} \tag{6.11}$$

が考えられそうです．これは式 (6.2) と見比べるとまさしく CP 分解に相当することがわかります．

CP 分解の類似度関数について直観的に理解するため，具体例として行列分解で登場した「アクションとホラー」の潜在空間を考えましょう．すなわち $R = 2$ とし，

- 顧客の潜在空間は，1 次元目が「アクション好きの度合い」，2 次元目が「ホラー好きの度合い」から，
- 映画の潜在空間は，1 次元目が「アクション成分の度合い」，2 次元目が「ホラー成分の度合い」から，

それぞれ構成されるとします．また時点に関しても「冬は寒くて体がなかなか動かせないのでアクションを見たくなる」，「夏は怖いものを見て涼しい気分になりたくなる」ということで

- 時点の潜在空間は，1 次元目が「季節が冬か否か」，2 次元目が「季節が夏か否か」から

構成されるとしましょう．式 (6.11) の定義より，CP 分解は

- 顧客が「アクション好き」かつ映画が「アクション成分が高く」かつ季節

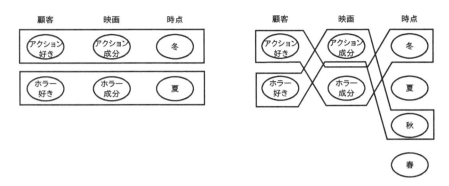

図 6.5 潜在空間の比較．左：CP 分解．右：タッカー分解．

が「冬」，あるいは
- 顧客が「ホラー好き」かつ映画が「ホラー成分が高く」かつ季節が「夏」

といったように同じ次元同士での成分の大小から類似度が決定されます (図 6.5 左)．

今度はタッカー分解における類似度をみてみましょう．タッカー分解の類似度関数は

$$\text{sim}^{\text{Tucker}}(\boldsymbol{u}, \boldsymbol{v}, \boldsymbol{w}) = \mathcal{C} \times_1 \boldsymbol{u} \times_2 \boldsymbol{v} \times_3 \boldsymbol{w}$$
$$= \sum_{r=1}^{R} \sum_{s=1}^{S} \sum_{t=1}^{T} c_{rst} u_r v_s w_t$$

となります．この式から見てとれるように，もし $\mathcal{C}$ が対角でない場合，$\boldsymbol{U}, \boldsymbol{V}, \boldsymbol{W}$ の潜在空間において異なる次元の成分同士も類似度に寄与することがわかります．これはたとえば

- 顧客が「アクション好き」かつ映画が「ホラー成分が高く」かつ季節が「冬」

といった組み合わせも考慮するということに対応します．またタッカー分解では潜在空間の次元数が異なってもよいので，時点の潜在空間に「秋」と「春」に関する次元を導入する，といったことも可能です (図 6.5 右)．

これは何を意味しているでしょうか．1 つの見方としては $\mathcal{C}$ を $\boldsymbol{u}, \boldsymbol{v}, \boldsymbol{w}$ 間

の類似度を測る際の**計量**として見ることができます.計量とは距離を測る際に用いられる概念で,空間がまっすぐな場合は $\mathcal{C}$ が対角,歪んでいる場合は非対角要素にも値が入る形になります.こう考えると,CP 分解は各モード間の関係が「まっすぐ」だと仮定して潜在空間を推定する方法であり,一方タッカー分解は各モード間は複雑に絡みあっていることを仮定したうえでその絡み具合 (計量) と潜在空間の両方を同時に推定する方法だといえます.この見方より,各モード間の関係が

- ある程度独立であれば CP 分解
- 相互に依存するような場合はタッカー分解

を使うという風に使い分けるとよいでしょう.

ヒント

行列分解では「x_{ij} が大きい」ということは「$\boldsymbol{u}_{i:}$ と $\boldsymbol{v}_{j:}$ は似ている」ことを意味しているということを解釈できました.この関係性を CP 分解の文脈になおすと「x_{ijk} が大きい」ならば「$\boldsymbol{u}_{i:}$ と $\boldsymbol{v}_{j:}$ と $\boldsymbol{w}_{k:}$ は似ている」ということになります.この関係性は式 (6.11) で定義した類似度関数,すなわち CP 分解において成り立つでしょうか.残念ながら答えは否です.なぜなら 2 項の関係性から 3 項の関係性に変化したことにより,符号による反転が出てくる場合があるからです.

このことを示すため,例として $\boldsymbol{u}_{i:}, \boldsymbol{v}_{j:}, \boldsymbol{w}_{k:}$ がまったく同じでかつ非負のベクトル $\boldsymbol{a} \in \boldsymbol{R}_+^R$ という値をとる,すなわち $\boldsymbol{u}_i = \boldsymbol{v}_j = \boldsymbol{w}_k = \boldsymbol{a}$ となる状況を考えます.このとき $\mathrm{sim}^{\mathrm{CP}}(\boldsymbol{u}_i, \boldsymbol{v}_j, \boldsymbol{w}_k) = \sum_{r=1}^{R} a_r^3$ となり,また a_r は非負なので,この値はきちんと大きくなります.一方,$\boldsymbol{u}_i, \boldsymbol{v}_j, \boldsymbol{w}_k$ の符号が反転した場合,すなわち $\boldsymbol{u}_i = \boldsymbol{v}_j = \boldsymbol{w}_k = -\boldsymbol{a}$ の場合を考えます.このとき,$\mathrm{sim}^{\mathrm{CP}}(\boldsymbol{u}_i, \boldsymbol{v}_j, \boldsymbol{w}_k) = \sum_{r=1}^{R}(-a_r)^3 = -\sum_r a_r^3$ となり,値としては小さく (負の方向に大きく) なります.このように $\boldsymbol{u}_i, \boldsymbol{v}_j, \boldsymbol{w}_k$ はまったく同じベクトルなのに符号で反転させただけで $\mathrm{sim}^{\mathrm{CP}}$ は「似てない」と判定するようになってしまいます.

6.5 補足

以上，テンソル分解についてやや駆け足で説明しました．本節ではこれ以外の話題についていくつか補足します．

6.5.1 実応用例

テンソル分解は科学・工学を問わずさまざまな分野で応用されています．

Schein らは国同士の関係性を抽出するため，タッカー分解を拡張した方法を提案しました[72]．データは「国 i が国 j に対し時点 k にて行動 l を行った」という履歴データになっており，これは「国×国×時点×行動」の4次のテンソルとして表現されます．解析により関係の深い国同士がグループとして抽出され，また現実に起こった事件と抽出された時点の潜在空間が非常に相関していたことが報告されています．

Kang ら[32]は言語データへの応用を行い，特に「主語×動詞×目的語」のテンソルの分解に取り組みました．この種のデータはサイズが大きくなりやすく，一般にスケーラビリティが問題となりますが，Kang らは CP 分解の効率的な計算方法および分散処理アルゴリズムを提案し，スケーラビリティの向上に成功しました．

脳情報データの解析手法としてもテンソル分解はよく使われます[9]．たとえば脳波 (Electroencephalogram, EEG) においては「チャネル×周波数×時間」というテンソル表現をし，それを分解することで「どの脳の部位がどのようなタスクに関連して活発化するか」といったことを調べることができます．

以上で紹介したもの以外にも医療データ[87]や DNA マイクロアレイ[90]などへの応用例があります．

6.5.2 さまざまな最適化と学習アルゴリズム

テンソル分解は機械学習分野においては比較的新しい分野ですが，近年その最適化方法に関してはいくつかの進展がありました．

確率降下勾配法 行列分解のときと同様に，確率降下勾配法によるテンソル分解の最適化アルゴリズムも導出可能です．CP 分解に関しては，サンプルごとの確率降下勾配法は文献[66] を，行列ごとの確率降下勾配法は文献[50] を参照してください．

凸最適化 本章にて紹介したように，CP 分解とタッカー分解はもともとどちらも非凸な問題として定式化されました．近年，これを凸な問題として再定式化する試みがいくつか行われています[77, 80]．

ここで紹介したもの以外にも，隠れ変数モデルの学習アルゴリズムとしてテンソル分解を用いる方法[5] や，リーマン多様体に基づく計量を用いた勾配法[33] が提案されています．

6.5.3 2 次の交互作用のみからなる分解

CP 分解やタッカー分解では，与えられたテンソルの各要素が全モードの潜在変数と交互作用することをそのモデル化から暗に仮定しています．これはたとえば「顧客 × 映画 × 時間」テンソルの例だと，評価データはすべての評価パターンが顧客，映画，時間に対し同時に影響を受けるということを仮定していると捉えられます．しかしながら，この仮定は応用によってはやや強すぎる場合があります．たとえば評価データは「映画 × 顧客」で決まるパターンと「顧客 × 時間」から決まるパターンで表現できるかもしれません．もし真のデータがこのような構造をもっている場合，CP 分解やタッカー分解はその表現能力としては過剰であり，その解析結果は解釈しづらいものになってしまうでしょう．

対相互作用テンソル分解 (**pairwise interaction tensor factorization**)[66] はこのような場合に適した分解方法です．3 次のテンソル $\mathcal{X}$ が与えられたとき，ランク (R, S, T) 対相互作用テンソル分解は以下のような，「モードの組」を使った分解を考えます．

$$\mathcal{X} \simeq \sum_{r=1}^{R} \boldsymbol{u}_r \circ \boldsymbol{v}_r \circ \mathbf{1}_K + \sum_{s=1}^{S} \boldsymbol{u}'_s \circ \mathbf{1}_J \circ \boldsymbol{w}_s + \sum_{t=1}^{T} \mathbf{1}_I \circ \boldsymbol{v}'_t \circ \boldsymbol{w}'_t \quad (6.12)$$

ここで $\mathbf{1}_N$ は 1 が N 個並んだベクトルを表し，$\boldsymbol{u}_r, \boldsymbol{u}'_s$ は I 次元のベクトル，$\boldsymbol{v}_r, \boldsymbol{v}'_t$ は J 次元のベクトル，$\boldsymbol{w}_s, \boldsymbol{w}'_t$ は K 次元のベクトルです ($r \in [R], s \in$

$[S], t \in [T]$). 式 (6.12) からわかるとおり,対相互作用テンソル分解には2つのモードに関する交互作用しか考慮していませんが,もしデータに3次の交互作用が含まれていなければ CP 分解やタッカー分解に比べてより正確にパラメータを推定することが期待できます.また変数間の交互作用が少ない分最適化も簡単になり,計算効率性にも優れます[66].

6.5.4 複数のテンソルや行列が与えられた場合

応用によってはテンソルが1つだけでなく複数,あるいはテンソルに加えて同じモードを共有する行列が複数与えられる場合があります.「顧客 × 映画 × 時間」テンソルの例でいうと,評価データ以外に

- 映画に関する特徴行列 (公開日,ジャンル,制作予算など)
- 顧客に関する特徴行列 (年齢,性別など)

といった付加情報が手に入ることが考えられます.もちろんこれらの情報を無視してテンソル分解をしてもいいですが,与えられた情報を加味することでより精度の高い推定をすることが期待できるため,できればこれらの情報も使いたい場合が考えられます.付加情報が行列で与えられる場合は Narita らの手法[58] などが提案されています.また複数のテンソルを同時に分解することで情報を共有する方法としては**結合テンソル分解 (coupled tensor decomposition)**[91] が提案されています.

6.5.5 その他のテンソル分解

以上で紹介したもの以外にもさまざまな分解が提案されています.詳細については文献[39, 55] を参照してください.パラメータを非負に限定した非負テンソル分解も脳画像データの解析など応用上よく使われます[9, 51].

Bibliography

参考文献

[1] E. M. Airoldi, D. M. Blei, S. E. Fienberg and E. P. Xing. Mixed Membership Stochastic Blockmodels. In *Journal of Machine Learning Research*, 9, pp. 1981–2014, 2008.

[2] 赤穂昭太郎. カーネル多変量解析：非線形データ解析の新しい展開 (確率と情報の科学) 甘利俊一, 麻生英樹, 伊庭幸人 (編). 岩波書店, 2008.

[3] H. Akaike. A New Look at the Statistical Model Identification. *IEEE Transactions on Automatic Control*, 19(6), pp. 716–723, 1974.

[4] B. P. W. Ames. Guaranteed clustering and biclustering via semidefinite programming. In *Mathematical Programming*, 147, pp. 429–465, 2014.

[5] A. Anandkumar, R. Ge, D. Hsu, S. M. Kakade and M. Telgarsky. Tensor decompositions for learning latent variable models. In *Journal of Machine Learning Research*, 15, pp. 2773–2832, 2014.

[6] C. M. ビショップ. パターン認識と機械学習. 丸善出版, 2012.

[7] D. Blackwell and J. B. MacQueen. Ferguson Distributions via Polya urn schemes. In *The Annals of Statistics*, 1(2), pp. 353–355, 1973.

[8] D. M. Blei, A. Y. Ng and M. I. Jordan. Latent Dirichlet Allocation. In *Journal of Machine Learning Research*, 3, pp. 993–1022, 2003.

[9] A. Cichocki, R. Zdunek, A-H Phan, and S. Amari. *Nonnegative Matrix and Tensor Factorizations: Applications to Exploratory Multiway Data Analysis and Blind Source Separation*, John Wiley & Sons, Inc., 2009.

[10] M. Collins, S. Dasgupta and R. E. Schapire. A generalization of principal components analysis to the exponential family. In *Advances in Neural Information Processing Systems 14 (NIPS)*, pp.

617–624, 2002.

[11] D. Comaniciu and P. Meer. Mean shift: A Robust Approach Towards Feature Space Analysis. In *IEEE Transactions on Pattern Analysis and Machine Learning*, 24(5), pp. 603–619, 2002.

[12] F. Cong, Qiu-Hua Lin, Li-Dan Kuang, Xiao-Feng Gong, P. Astikainen and T. Ristaniemi. Tensor decomposition of {EEG} signals: A brief review. In *Journal of Neuroscience Methods*, 248, pp. 59–69, 2015.

[13] J. Duchi, E. Hazan and Y. Singer. Adaptive subgradient methods for online learning and stochastic optimization. In *Journal of Machine Learning Research*, 12, pp. 2121–2159, 2011.

[14] E. Erosheva, S. Fienberg and J. Lafferty. Mixed-membership Models of Scientific Publications. In *Proceedings of the National Academy of Sciences of the United States of America (PNAS)*, 101(Suppl 1), pp. 5220–5227, 2004.

[15] W. Fu, L. Song and E. P. Xing. Dynamic mixed membership blockmodel for evolving networks. In *Proceedings of the 26th Annual International Conference on Machine Learning (ICML)*, pp.329–336, 2009.

[16] L. Hagen and A. Kahng. New Spectral Methods for Ratio Cut Partitioning and Clustering. In *IEEE Transactions on Computer-Aided Design*, 11(9), pp. 1074–1085, 1992.

[17] T. J. Hansen, M. Mørup and L. K. Hanse. Non-parametric Co-clustering of Large Scale Sparse Bipartite Networks on the GPU. In *Proceedings of the IEEE International Workshop on Machine Learning for Signal Processing (MLSP)*, pp. 1–6, 2011.

[18] R. Harshman. Foundations of the parafac procedure: Models and conditions for an "explanatory" multi-modal factor analysis. In *UCLA Working Papers in Phonetics*, 16, pp. 1–84, 1970.

[19] K. Hayashi, T. Maehara, M. Toyoda and K. Kawarabayashi. Real-

time top-r topic detection on twitter with topic hijack filtering. In *Proceedings of the 21th ACM SIGKDD International Conference on Knowledge Discovery and Data Mining (KDD)*, pp. 417–426, 2015.

[20] Q. Ho, J. Yin and E. P. Xing. On Triangular versus Edge Representations - Towards Scalable Modeling of Networks. In *Advances in Neural Information Processing Systems (Proceedings of NIPS)*, 25, pp. 2132–2140, 2012.

[21] P. Holland, K. B. Laskey and S. Leinhardt. Stochastic blockmodels: Some First Steps. In *Social Networks*, 5, pp. 109–137, 1983.

[22] 平岡和幸, 堀玄. プログラミングのための線形代数. オーム社, 2004.

[23] L. Hubert and P. Arabie. Comparing Partitions. In *Journal of Classification*, 2(1), pp. 193–218, 1985.

[24] 井上純一. グラフ理論 講義ノート, 2007.

[25] K. Ishiguro, T. Iwata, N. Ueda and J. Tenenbaum. Dynamic Infinite Relational Model for Time-varying Relational Data Analysis. In *Advances in Neural Information Processing Systems 23 (Proceedings of NIPS)*, pp. 919–927, 2010.

[26] K. Ishiguro, I. Sato, M. Nakano, A. Kimura and N. Ueda. Infinite Plaid Models for Infinite Bi-clustering. In *Proceedings of the 30th AAAI Conference on Artificial Intelligence (AAAI-16)*, pp. 1701–1708, 2016.

[27] K. Ishiguro, N. Ueda and H. Sawada. Subset Infinite Relational Models. In *Proceedings of the 15th International Conference on Artificial Intelligence and Statistics (AISTATS)*, pp. 547–555, 2012.

[28] 石井健一郎, 上田修功. 続・わかりやすいパターン認識. オーム社, 2014.

[29] 岩田具治. トピックモデル (機械学習プロフェッショナルシリーズ). 講談社, 2015.

[30] R. Jenatton, N. Le Roux, A. Bordes and G. Obozinski. A latent factor model for highly multi-relational data. In *Advances in Neu-*

ral Information Processing Systems 25 (Proceedings of NIPS), pp. 3167–3175, 2012.

[31] 金森敬文, 鈴木大慈, 竹内一郎, 佐藤一誠. 機械学習のための連続最適化 (機械学習プロフェッショナルシリーズ). 講談社, 2016.

[32] U. Kang, E. Papalexakis, A. Harpale and C. Faloutsos. GigaTensor: Scaling Tensor Analysis Up by 100 Times - Algorithms and Discoveries. In *Proceedings of the 18th ACM SIGKDD International Conference on Knowledge Discovery and Data Mining (KDD)*, pp. 316–324, 2012.

[33] H. Kasai and B. Mishra. Low-rank tensor completion: a riemannian manifold preconditioning approach. In *Proceedings of the 33nd International Conference on Machine Learning (ICML)*, pp. 1012–1021, 2016.

[34] C. Kemp, J. B. Tenenbaum, T. L. Griffiths, T. Yamada and N. Ueda. Learning Systems of Concepts with an Infinite Relational Model. In *Proceedings of the 21st National Conference on Artificial Intelligence (AAAI)*, pp. 381–388, 2006.

[35] D. Kempe, J. Kleinberg and É. Tardos. Maximizing the spread of influence through a social network. In *Proceedings of the 9th ACM SIGKDD International Conference on Knowledge Discovery and Data Mining (SIGKDD)*, pp. 137–146, 2003.

[36] W. O. Kermack and A. G. McKendrick. A Contribution to the Mathematical Theory of Epidemics. *Proceedings of the Royal Society of London, Series A*, 115(772), pp. 700–721, 1927.

[37] M. Kim and J. Leskovec. Nonparametric Multi-group Membership Model for Dynamic Networks. In *Advances in Neural Information Processing Systems 26 (Proceedings of NIPS)*, pp. 1385–1393, 2013.

[38] B. Klimt and Y. Yang. The Enron Corpus : A New Dataset for Email Classification Research. In *Proceedings of the European Conference on Machine Learning (ECML)*, pp. 217–226, 2004.

[39] T. G. Kolda and B. W. Bader. Tensor Decompositions and Applications. *SIAM Review*, 51(3), pp. 455–500, 2009.

[40] T. Konishi, T. Kubo, K. Watanabe and K. Ikeda. Variational Bayesian Inference Algorithms for Infinite Relational Model of Network Data. In *IEEE Transactions on Neural Networks and Learning Systems*, 26(9), pp. 2176–2181, 2014.

[41] J. B. Kruskal. Three-way arrays: rank and uniqueness of trilinear decompositions, with application to arithmetic complexity and statistics. In *Linear algebra and its applications*, 18(2), pp. 95–138, 1977.

[42] L. De Lathauwer, B. De Moor and J. Vandewalle. A multilinear singular value decomposition. In *SIAM J. Matrix Anal. Appl.*, 21(4), pp.1253–1278, 2000.

[43] N. D. Lawrence. Gaussian process latent variable models for visualisation of high dimensional data. In *Addvances in Neural Information Processing System 16 (NIPS)*, pp. 329–336, 2004.

[44] L. Lazzeroni and A. Owen. Plaid Models for Gene Expression Data. *Statistica Sinica*, 12, pp. 61–86, 2002.

[45] D. D. Lee and H. S. Seung. Algorithms for non-negative matrix factorization. In *Advances in Neural Information Processing Systems 13 (NIPS)*, pp. 556–562, 2001.

[46] S. H. Lim, Y. Chen and H. Xu. A Convex Optimization Framework for Bi-Clustering. In *Proceedings of the 32nd International Conference on Machine Learning (ICML)*, pp. 1679–1688, 2015.

[47] C-J Lin. Projected gradient methods for nonnegative matrix factorization. Neural Computation, 19(10), pp. 2756–2779, 2007.

[48] Y-R Lin, J. Sun, P. Castro, K. Ravi, H. Sundaram and A. Kelliher. MetaFac : Community Discovery via Relational Hypergraph Factorization. In *Proceedings of the 15th ACM SIGKDD Conference on Knowledge Discoverry and Data Mining (KDD)*, pp. 527–535,

2009.

[49] L. Lü and T. Zhou. Link prediction in complex networks: A survey. *Physica A*, 390(6), pp. 1150–1170, 2011.

[50] T. Maehara, K. Hayashi and K. Kawarabayashi. Expected tensor decomposition with stochastic gradient descent. In *Thirtieth AAAI Conference on Artificial Intelligence (AAAI)*, pp. 1919–1925, 2016.

[51] 松林達史, 幸島匡宏, 澤田宏. 複合データ分析技術とntf[ii・完]——テンソルデータの因子分解技術と実応用例——. 電子情報通信学会誌, 99(7), pp. 691–698, 2016.

[52] 松坂和夫. 線型代数入門. 岩波書店, 1980.

[53] M. Melia and J. Shi. A Random Walks View of Spectral Segmentation. In *Proceedings of the International Conference on Artificial Inteligence and Statistics (AISTATS)*, 2001.

[54] K. T. Miller, T. L. Griffiths and M. I. Jordan. Nonparametric Latent Feature Models for Link Prediction. In *Advances in Neural Information Processing Systems 22 (Proceedings of NIPS)*, pp. 1276–1284, 2009.

[55] M. Mørup. Applications of tensor (multiway array) factorizations and decompositions in data mining. *Wiley Interdisciplinary Reviews: Data Mining and Knowledge Discovery*, 1(1), pp. 24–40, 2011.

[56] K. P. Murphy. *Machine Learning: A Probabilistic Perspective*. The MIT Press, 2012.

[57] 中島伸一. 変分ベイズ学習(機械学習プロフェッショナルシリーズ). 講談社, 2016.

[58] A. Narita, K. Hayashi, R. Tomioka and H. Kashima. Tensor factorization using auxiliary information. In *Machine Learning and Knowledge Discovery in Databases: European Conference, ECML PKDD*, pp. 501–516, 2011.

[59] M. Newman. Mixing patterns in networks. *Physical Review E*,

67(2), pp. 026126, 2003.

[60] A. Y. Ng, M. I. Jordan and Y. Weiss. On Spectral Clustering: Analysis and an algorithm. In *Advances in Neural Information Processing Systems, (Proceedings of NIPS)*, 14, pp.849–856, 2002.

[61] K. Nowicki and T. A. B. Snijders. Estimation and Prediction for Stochastic Blockstructures. In *Journal of the American Statistical Association (JASA)*, 96(455), pp. 1077–1087, 2001.

[62] 大津展之, 栗田多喜夫, 関田巌. パターン認識――理論と応用 (行動計量学シリーズ), 朝倉書店, 1996.

[63] L. Page, S. Brin, R. Motwani, and T. Winograd. *The PageRank Citation Ranking: Bringing Order to the Web*. Technical report, Stanford InfoLab, 1999.

[64] K. B. Petersen and M. S. Pedersen. *The matrix cookbook*, Technical University of Denmark, 2012.

[65] W. M. Rand. Objective Criteria for the Evaluation of Clustering Methods. In *Journal of the American Statistical Association (JASA)*, 66(336), pp. 846–850, 1971.

[66] S. Rendle and L. S. Thieme. Pairwise interaction tensor factorization for personalized tag recommendation. In Proceedings of the third ACM international conference on Web search and data mining (WSDM), pp. 81–90, 2010.

[67] K. Rohe, S. Chatterjee and B. Yu. Spectral clustering and the high-dimensional stochastic blockmodel. In *The Annals of Statistics*, 39(4), pp. 1878–1915, 2011.

[68] R. Salakhutdinov and A. Mnih. Probabilistic matrix factorization. In *Advances in Neural Information Processing Systems* (NIPS), 20, pp. 1257–1264, 2008.

[69] 佐藤一誠. ノンパラメトリックベイズ 点過程と統計的機械学習の数理 (機械学習プロフェッショナルシリーズ). 講談社, 2016.

[70] 佐藤一誠, 奥村学. トピックモデルによる統計的潜在意味解析 (自然言語

処理シリーズ). コロナ社, 2015.

[71] 澤田宏. 非負値行列因子分解 nmf の基礎とデータ/信号解析への応用. 電子情報通信学会誌, 95(9), pp.829, 833–2012.

[72] A. Schein, J. Paisley, D. M. Blei, and H. Wallach. Bayesian Poisson Tensor Factorization for Inferring Multilateral Relations from Sparse Dyadic Event Counts. In *Proceedings of the 21th ACM SIGKDD International Conference on Knowledge Discovery and Data Mining (KDD)*, pp. 1045–1054, 2015.

[73] B. Schölkopf, A. Smola and K-R Müller. Nonlinear component analysis as a kernel eigenvalue problem. In *Neural Computation*, 10(5), pp. 1299–1319, 1998.

[74] G. Schwarz. Estimating the Dimension of a Model. In *Annals of Statistics*, 6(2), pp. 461–464, 1978.

[75] J. Sethuraman. A Constructive Definition of Dirichlet Process. *Statistica Sinica*, 4, pp. 639–650, 1994.

[76] J. Shi and J. Malik. Normalized Cuts and Image Segmentation. *IEEE Transactions on Pattern Analysis and Machine Intelligence (TPAMI)*, 22(8), pp. 888–905, 2000.

[77] M. Signoretto, Q. T. Dinh, L. De Lathauwer and J. A. K. Suykens. Learning with tensors: a framework based on convex optimization and spectral regularization. In *Machine Learning*, 94(3), pp. 303–351, 2014.

[78] D. A. Spielman. *Spectral Graph Theory*, www.cs.yale.edu/homes/spielman/561/, 2015.

[79] 鈴木大慈. 確率的最適化 (機械学習プロフェッショナルシリーズ). 講談社, 2015.

[80] R. Tomioka, K. Hayashi, and H. Kashima. Estimation of low-rank tensors via convex optimization. *arXiv preprint arXiv:1010.0789*, 2010.

[81] 上田修功, 山田武士. ノンパラメトリックベイズモデル. 応用数理, 17(3),

pp. 196–214, 2007.

[82] 海野裕也, 岡野原大輔, 得居誠也, 徳永拓之. オンライン機械学習 (機械学習プロフェッショナルシリーズ). 講談社, 2015.

[83] A. Uschmajew. Local convergence of the alternating least squares algorithm for canonical tensor approximation. In *SIAM Journal of Matrix Analysis Applications*, 33(2), pp. 639–652, 2012.

[84] Ulrike von Luxburg. A Tutorial on Spectral Clustering. In *Statistics and Computing*, 17(4), pp. 395–416, 2007.

[85] D. Wagner and F. Wagner. Between Min Cut and Graph Bisection. In *Proceedings of the 18th International Symposium on Mathematical Foundations of Computer Science*, pp. 744–750, 1993.

[86] E. Wang, D. Liu, J. Silva, D. Dunson and L. Carin. Joint Analysis of Time-Evolving Binary Matrices and Associated Documents. In *Advances in Neural Information Processing Systems (Proceedings of NIPS)*, 23, pp. 2370–2378, 2010.

[87] Y. Wang, R. Chen, J. Ghosh, J. C. Denny, A. Kho, Y. Chen, B. A. Malin, and J. Sun. Rubik: Knowledge Guided Tensor Factorization and Completion for Health Data Analytics. In *Proceedings of the 21th ACM SIGKDD International Conference on Knowledge Discovery and Data Mining (KDD)*, pp. 1265–1274, 2015.

[88] R. J. ウィルソン. グラフ理論入門 (原書第 4 版). 近代科学社, 2001.

[89] J. Yang and J. Leskovec. Overlapping Community Detection at Scale : A Nonnegative Matrix Factorization Approach. In *Proceedings of the 6th ACM International Conference on Web Search and Data Mining (WSDM)*, pp. 587–596, 2013.

[90] B. Yener, E. Acar, P. Agius, K. P. Bennett, S. L. Vandenberg and G. E. Plopper. Multiway modeling and analysis in stem cell systems biology. In *BMC Systems Biology*, 2, 63, 2008.

[91] K. Y. Yılmaz, A. T. Cemgil and U. Simsekli. Generalised coupled tensor factorisation. In *Advances in Neural Information Processing*

Systems (NIPS), 24, pp. 2151–2159, 2011.

[92] J. Yin, Q. Ho and E. P. Xing. A Scalable Approach to Probabilistic Latent Space Inference of Large-Scale Networks. In *Advances in Neural Information Processing Systems (Proceedings of NIPS)*, 26, pp. 422–430, 2013.

[93] 吉川友也, 岩田具治, 澤田宏. ユーザの潜在特徴を考慮したソーシャルネットワーク上の情報拡散モデル. 情報処理学会論文誌: データベース, 6(5), pp. 85–94, 2013.

[94] W. W. Zachary. An Information Flow Model for Conflict and Fission in Small Groups. In *Journal of Anthropological Research*, 33, pp. 452–473, 1977.

索 引

数字・欧文

1 次交互勾配降下法 (first-order alternating gradient descent method) —— 101
2 項関係 (two-place relation, dyadic relation, binary relation) —— 14
2 部グラフ (bipartite graph) —— 14
ℓ^2 正則化行列分解 (ℓ^2-regularized matrix decomposition) —— 96

あ行

アイテム推薦 (item recommendation) —— 16
赤池情報量規準 (Akaike information criteria, AIC) —— 43
1 次交互勾配降下法 (first-order alternating gradient descent method) —— 101
因子行列 (factor matrix) —— 91
インデックス (index) —— 2
ℓ^2 正則化行列分解 (ℓ^2-regularized matrix decomposition) —— 96
オブジェクト (object) —— 7

か行

可換 (exchangeable) —— 70
学習率 (learning rate) —— 99
確率過程 (stochastic process) —— 68
確率勾配降下法 (stochastic gradient descent method) —— 108
確率的 (stochastic) —— 47
確率的生成モデル (probabilistic generative model) —— 49
確率的ブロックモデル (stochastic blockmodel, SBM) —— 44, **48**
確率分布 (probabilistic distribution) —— 50
カット (cut) —— 27
カット最小化 (mincut) —— 27
関係データ (relational data) —— 3
観測データ (observations, observed data) —— 2
ガンマ関数 (Gamma function) —— 55
疑似 2 次交互勾配降下法 (quasi second-order alternating gradient descent method) —— 105
教師有り学習 (supervised learning) —— 3
教師無し学習 (unsupervised learning) —— 3
共役 (conjugate) —— 58
行列 (matrix) —— 8
クラスカル条件 (Kruskal condition) —— 138
クラスタリング (clustering) —— 17, 23
グラフ (graph) —— 6
グラフカット (graph cut) —— 27
グラフラプラシアン (graph Laplacian) —— 28
グラフ理論 (graph theory) —— 7
交互勾配降下法 (alternating gradient descent)

99

コミュニティ検出 (community detection) — 25
コミュニティ抽出 (community extracton) — 17
固有値 (eigenvalue) — 32
固有値分解 (eigenvalue decomposition) — 32
固有値問題 (eigenvalue problem) — 32
固有ベクトル (eigenvector) — 32

さ行

サンプリング (sampling) — 49
時系列データ (time series data) — 15
事後分布 (posterior distribution) — 52
事後分布最大化 (maximum a posterior, MAP) 77
（関係の）次数 (degree) — 31
（テンソルの）次数 (the number of order) 120
次数行列 (degree matrix) — 31
事前分布 (prior distribution) — 52
射影勾配降下法 (projected gradient descent method) — 106
周辺化 (marginalization) — 52, 70
周辺化ギブスサンプラー (collapsed Gibbs sampler, CGS) — 57
情報拡散 (information diffusion) — 16
情報伝播 (information dissemination) — 16
酔歩正規化グラフラプラシアン (random-walk normalized graph Laplacian) — 39
推論 (inference) — 51
スペクトラルクラスタリング (spectral clustering) — 25, **28**
正規分布 (normao distribution) — 51
正則化 (regularization) — 96
接続行列 (connectivity matrix) — 8
疎結合クラスタ (disassotative cluster) — 25
疎結合クラスタからなるグラフ (disassortative mixing graph) — 26

た行

対称関係データ (symmetric relational data) 14
対称正規化グラフラプラシアン (symmetric normalized graph Laplacian) — 38
多項関係 (multiary relation) — 15
単一ドメイン (single domain) — 12
単純行列分解 (simple matrix decomposition) 93
遅延更新 (lazy update) — 111
知識抽出 (knowledge extraction) — 17
知識発見 (knowledge mining, knowlede discovery) — 17
中華料理店過程 (Chinese restaurant process, CRP) — 68
頂点 (vertex) — 6
ディリクレ分布 (Dirichlet distribution) — 55
テンソル (tensor) — 15, **120**
統計的機械学習 (statistical machine learning) 1

特異値分解 (singular value decomposition) 93

独立かつ同一に分布 (independent and identically distributed, i.i.d.) ——— 50

な行

2項関係 (two-place relation, dyadic relation, binary relation) ——— 14

2部グラフ (bipartite graph) ——— 14

ノーマライズドカット (Normalized Cut, NCut) 36

ノンパラメトリックベイズ (Bayesian nonparametrics) ——— 48, 68

は行

非正規化グラフラプラシアン (unnormalized graph Laplacian) ——— 32

非対称関係データ (asymmetric relational data) ——— 14

非負行列分解 (non-negative matrix decomposition) ——— 98

非網羅的かつ非排他的 (non-exhaustive and overlapping, NEO) ——— 85

複数ドメイン (multiple domains) ——— 13

分割 (partitioning) ——— 68

ベイズ事後分布 (Bayesian posterior distribution) ——— 48

ベイズ情報量規準 (Bayes information criteria, BIC) ——— 43

ベイズ推定 (Bayesian inference) ——— 48, **51**

ベータ分布 (Beta distribution) ——— 56

ヘッセ行列 (Hessian matrix) ——— 103

ベルヌーイ分布 (Bernoulli distribution) ——— 56

辺 (edge) ——— 6

棒折り過程 (stick breaking process) ——— 70

ま行

マルコフ連鎖モンテカルロ (Markov chain Monte Carlo) 法 ——— **52**, 57

密結合クラスタ (assortative cluster) ——— 25

密結合クラスタからなるグラフ (assortative mixing graph) ——— 26

無限関係モデル (infinite relational model, IRM) ——— 48, **66**

無向 (undirected) ——— 11

無向グラフ (undireted graph) ——— 11

網羅的かつ排他的 (exhaustive and non-overlapping) ——— 85

モード (mode) ——— 120

モード l 積 (mode-l multiplication) ——— 123

目的関数 (objective function) ——— 47

や行

有向 (directed) ——— 11

有向グラフ (directed graph) ——— 11

尤度 (likelihood) ——— 52

予測 (prediction) ——— 16

ら行

ラベル (label) ———————————— 2
ランク (R, S, T) タッカー分解 (rank-(R, S, T) Tucker decomposition) ———————— 143
ランク R 行列分解 (rank-R matrix decomposition) ———————————— 91
ランク R CP 分解 (rank-R CP decomposition) ———————————— 137
離散分布 (discrete distribtuion) ——— 51, 55
リンク予測 (link prediction) ——————— 16
隣接行列 (adjacency matrix) ————— 8, **28**
類似度 (similarity) ——————————— 94
類似度行列 (affinity matrix) —————— 27
レシオカット (RatioCut) ———————— 36

著者紹介

石黒勝彦　博士（工学）
- 2004年　東京大学工学部機械情報工学科卒業
- 2006年　東京大学大学院情報理工学系研究科知能機械情報学専攻修士課程修了
- 2010年　筑波大学大学院システム情報工学研究科コンピュータサイエンス専攻博士課程修了
- 現　在　株式会社 Preferred Networks リサーチャー

林　浩平　博士（工学）
- 2007年　立命館大学理工学部情報学科卒業
- 2012年　奈良先端科学技術大学院大学情報科学研究科博士課程修了
- 現　在　株式会社 Preferred Networks リサーチャー

NDC007　180p　21cm

機械学習プロフェッショナルシリーズ

関係データ学習

2016年12月　6日　第1刷発行
2022年　2月24日　第3刷発行

著　者　石黒勝彦・林　浩平
発行者　髙橋明男
発行所　株式会社　講談社
　　　　〒112-8001　東京都文京区音羽2-12-21
　　　　　販売　(03)5395-4415
　　　　　業務　(03)5395-3615

編　集　株式会社　講談社サイエンティフィク
　　　　代表　堀越俊一
　　　　〒162-0825　東京都新宿区神楽坂2-14　ノービィビル
　　　　　編集　(03)3235-3701

本文データ制作　藤原印刷株式会社
カバー・表紙印刷　豊国印刷株式会社
本文印刷・製本　株式会社　講談社

落丁本・乱丁本は，購入書店名を明記のうえ，講談社業務宛にお送りください．送料小社負担にてお取替えいたします．なお，この本の内容についてのお問い合わせは，講談社サイエンティフィク宛にお願いいたします．定価はカバーに表示してあります．

©Katsuhiko Ishiguro and Kohei Hayashi, 2016

本書のコピー，スキャン，デジタル化等の無断複製は著作権法上での例外を除き禁じられています．本書を代行業者等の第三者に依頼してスキャンやデジタル化することはたとえ個人や家庭内の利用でも著作権法違反です．

JCOPY　〈(社)出版者著作権管理機構　委託出版物〉
複写される場合は，その都度事前に(社)出版者著作権管理機構（電話03-3513-6969　FAX 03-3513-6979　e-mail: info@jcopy.or.jp）の許諾を得てください．

Printed in Japan

ISBN 978-4-06-152921-2

明日を切り拓け！ 挑戦はここから始まる。

機械学習プロフェッショナルシリーズ

MLP　杉山 将・編

理化学研究所 革新知能統合研究センター センター長
東京大学大学院新領域創成科学研究科 教授

【新刊】

- **深層学習 改訂第2版**
  岡谷 貴之・著
  384頁・定価 3,300円
  978-4-06-513332-3

- **ベイズ深層学習**
  須山 敦志・著
  272頁・定価 3,300円
  978-4-06-516870-7

- **機械学習のための確率と統計**
  杉山 将・著
  127頁・定価 2,640円
  978-4-06-152901-4

- **機械学習のための連続最適化**
  金森 敬文／鈴木 大慈／竹内 一郎／佐藤 一誠・著
  351頁・定価 3,520円
  978-4-06-152920-5

- **確率的最適化**
  鈴木 大慈・著
  174頁・定価 3,080円
  978-4-06-152907-6

- **劣モジュラ最適化と機械学習**
  河原 吉伸／永野 清仁・著
  184頁・定価 3,080円
  978-4-06-152909-0

- **統計的学習理論**
  金森 敬文・著
  189頁・定価 3,080円
  978-4-06-152905-2

- **グラフィカルモデル**
  渡辺 有祐・著
  183頁・定価 3,080円
  978-4-06-152916-8

- **強化学習**
  森村 哲郎・著
  320頁・定価 3,300円
  978-4-06-515591-2

- **ガウス過程と機械学習**
  持橋 大地／大羽 成征・著
  256頁・定価 3,300円
  978-4-06-152926-7

- **サポートベクトルマシン**
  竹内 一郎／烏山 昌幸・著
  189頁・定価 3,080円
  978-4-06-152906-9

- **スパース性に基づく機械学習**
  冨岡 亮太・著
  191頁・定価 3,080円
  978-4-06-152910-6

- **トピックモデル**
  岩田 具治・著
  158頁・定価 3,080円
  978-4-06-152904-5

- **オンライン機械学習**
  海野 裕也／岡野原 大輔／得居 誠也／徳永 拓之・著
  168頁・定価 3,080円
  978-4-06-152903-8

- **オンライン予測**
  畑埜 晃平／瀧本 英二・著
  163頁・定価 3,080円
  978-4-06-152922-9

- **ノンパラメトリックベイズ**
  点過程と統計的機械学習の数理
  佐藤 一誠・著
  170頁・定価 3,080円
  978-4-06-152915-1

- **変分ベイズ学習**
  中島 伸一・著
  159頁・定価 3,080円
  978-4-06-152914-4

- **関係データ学習**
  石黒 勝彦／林 浩平・著
  180頁・定価 3,080円
  978-4-06-152921-2

- **統計的因果探索**
  清水 昌平・著
  191頁・定価 3,080円
  978-4-06-152925-0

- **バンディット問題の理論とアルゴリズム**
  本多 淳也／中村 篤祥・著
  218頁・定価 3,080円
  978-4-06-152917-5

- **ヒューマンコンピュテーションとクラウドソーシング**
  鹿島 久嗣／小山 聡／馬場 雪乃・著
  127頁・定価 2,640円
  978-4-06-152913-7

- **データ解析におけるプライバシー保護**
  佐久間 淳・著
  231頁・定価 3,300円
  978-4-06-152919-1

- **異常検知と変化検知**
  井手 剛／杉山 将・著
  190頁・定価 3,080円
  978-4-06-152908-3

- **生命情報処理における機械学習**
  多重検定と推定量設計
  瀬々 潤／浜田 道昭・著
  190頁・定価 3,080円
  978-4-06-152911-3

- **ウェブデータの機械学習**
  ダヌシカ ボレガラ／岡崎 直観／前原 貴憲・著
  186頁・定価 3,080円
  978-4-06-152918-2

- **深層学習による自然言語処理**
  坪井 祐太／海野 裕也／鈴木 潤・著
  239頁・定価 3,300円
  978-4-06-152924-3

- **画像認識**
  原田 達也・著
  287頁・定価 3,300円
  978-4-06-152912-0

- **音声認識**
  篠田 浩一・著
  175頁・定価 3,080円
  978-4-06-152927-4

＊表示価格は消費税（10%）が加算されています。

[2021年12月現在]

講談社サイエンティフィク https://www.kspub.co.jp/